10
1973

Faserforschung und Textiltechnik

WISSENSCHAFTLICH-TECHNISCHE ZEITSCHRIFT
FÜR DIE CHEMIEFASER- UND TEXTILINDUSTRIE

BEGRUNDET VON
ERICH CORRENS UND WALTER FRENZEL

HERAUSGEGEBEN VON ERICH CORRENS
WOLFGANG BOBETH – HANS BÖHRINGER – HERMANN KLARE
BURKART PHILIPP – CHRISTIAN RUSCHER
SCHRIFTLEITER J. BRÄMER UND I. RUSCHER

AUS DEM INHALT

AKADEMIE-VERLAG BERLIN

Faserforsch. u. Textiltechnik • 24. Jahrg. • Heft 10 • Seiten 393–436 • Berlin im Oktober 1973
FSTXA7 24 (10) 393–436 (1973)
Preis: 15,– M • Sonderpreis DDR: 9,– M

DK 061.62.001.6 (430.2-73) "451"

25 Jahre Institut für Technologie der Fasern in Dresden der Akademie der Wissenschaften der DDR

Faserforsch. u. Textiltechnik **24** (1973) 10, S. 393—394

DK 677.521:666.189.2:666.016.2:666.019:539.21:535.827.2

Wiedemann, Gottfried, Bobeth, Wolfgang, und *Müller, Ulrich*

Phänomenologische Betrachtungen zum Schraubenlinieneffekt bei Glasseiden

Faserforsch. u. Textiltechnik **24** (1973) 10, S. 395—402. 19 Abb., 2 Tab., 17 Lit.

Es wird über das Auftreten des Schraubenlinieneffektes bei Glasseide berichtet, der in Abhängigkeit von der Glaszusammensetzung infolge von Mineralsäurebehandlungen auftritt. Im Vordergrund steht die phänomenologische Betrachtung anhand mikroskopischer Untersuchungen.

DK 677.521:678.046.36:678.019.391:539.41:677.017.4

Wiedemann, Gottfried, Renner, Ursula, und *Müller, Wolfgang*

Über das Alterungsverhalten glasseidenverstärkter Polymerwerkstoffe. Teil 1: Auswirkung von Alterungsprozessen auf die Biege-, Zug- und Druckfestigkeitseigenschaften

Faserforsch. u. Textiltechnik **24** (1973) 10, S. 403—412. 15 Abb., 2 Tab., 28 Lit.

Es wird über die Auswirkung von Alterungsvorgängen bei glasseidenverstärkten Polymerwerkstoffen unter besonderer Berücksichtigung variierter Grenzflächenbedingungen zwischen Verstärkungsmaterial und Matrix berichtet. Dieser Teil der Arbeit enthält die nach variierten Alterungsbedingungen erhaltenen Biege-, Zug- und Druckfestigkeitseigenschaften der Verbundstoffe.

DK 677.1/.5:677.862.25:677.862:541.15:539.12.04:539.1.076

Bobeth, Wolfgang, Heger, Adolf, Päßler, Helmar, Orechov, V. D., Gomozova, R. P., Korableva, E. V., und *Pismannik, K. D.*

Die Anwendung von Elektronenbeschleunigern für die Modifizierung textiler Materialien

Faserforsch. u. Textiltechnik **24** (1973) 10, S. 412—417. 9 Abb., 11 Lit.

Mit der Entwicklung leistungsfähiger Elektronenbeschleuniger wurden die Voraussetzungen für die technische Nutzung strahlenchemischer Grundlagenerkenntnisse geschaffen. In der vorliegenden Arbeit, die im Rahmen einer arbeitsteiligen Zusammenarbeit zwischen der UdSSR und der DDR durchgeführt wurde, werden die Ergebnisse zweier Arbeitsrichtungen dargelegt, die für die Entwicklung industriell verwertbarer Verfahren zur strahlenchemischen Veredlung textiler Materialien unter Anwendung von Elektronenbeschleunigern interessant sind.

DK 677.062.2:677.053:677.017.45

Nestler, Roland, und *Kautz, Joachim*

Drehungszahländerung von Nähfäden beim Verarbeiten

Faserforsch. u. Textiltechnik. **24** (1973) 10, S. 418—422. 7 Abb. 3 Tab., 3 Lit.

Beim Nähen tritt eine Drehungszahländerung des Oberfadens infolge der Greiferbewegung ein, die mit einem Testnähfaden bei verschiedenen Einflußgrößen — Vorwärts- und Rückwärtsnähen, unterschiedliche Nähgutdicke und Stichlänge — quantitativ nachgewiesen wird.

DK 678.7:539.21:539.22:539.26:548.231.2

Jungnickel, Bernd J., Teichgräber, Michael, und *Ruscher, Christian*

Zur diskontinuierlichen Röntgenkleinwinkelstreuung an Polymeren mit axialer oder uniplanar-axialer Textur Teil I. Theorie

Faserforsch. u. Textiltechnik **24** (1973) 10, S. 423—429. 7 Abb., 21 Lit.

Die Röntgenkleinwinkelstreuung von synthetischen Polymeren wird wesentlich von der räumlichen Anordnung der streuenden Bereiche bestimmt. Auf der Grundlage der Theorie des Parakristalls nach *Hosemann* wird die Streufunktion für Streukurven mit axialer Textur unter besonderer Berücksichtigung von fibrillaren und lamellaren Strukturen als Grenzfälle berechnet. Diese Rechnungen gestatten eine befriedigende Deutung der beobachtbaren Streudiagramme sowie die quantitative Bestimmung wichtiger Strukturparameter. Die Überlegungen lassen sich auf Strukturen mit uniplanar-axialer Textur übertragen.

Die Zeitschrift „Faserforschung und Textiltechnik“ erscheint monatlich in Heften zu 48 Textseiten im Format A 4. Der Preis für das Einzelheft beträgt M 15,— (Sonderpreis für DDR M 9,—), für den Vierteljahrbezug M 45,— (Sonderpreis für DDR M 27,—), zuzügl. Bestellgeld. Die Berechnung erfolgt zu Beginn eines Vierteljahrs für 3 Hefte. Bestellungen aus dem Gebiet der Deutschen Demokratischen Republik an ein Postamt, eine Buchhandlung oder den Verlag, aus der Deutschen Bundesrepublik an eine Buchhandlung oder die Auslieferungsstelle Kunst und Wissen. Erich Bieber, 7 Stuttgart 1, Wilhelmstraße 4—6, aus dem Ausland an eine Importbuchhandlung, den Deutschen Buch-Export und -Import GmbH., 701 Leipzig, Postschließfach 276, oder den Akademie-Verlag GmbH., 108 Berlin, Leipziger Str. 3—4 (Fernruf: 220441; Telex-Nr. 0112020; Postscheckkonto 35021) erbeten. Bestellnummer dieses Heftes: 1014/24/10. Alleinige Anzeigenannahme DEWAG-WERBUNG, 1054 Berlin, Wilhelm-Pieck-Str. 49, und alle DEWAG-Betriebe in den Bezirksstädten der DDR. — Bestellungen in der UdSSR nehmen entgegen: Städtische Abteilungen von „SOJUZPECHATJ“ bzw. Postämter und Postkontore.

Herausgeber und verantwortlich für den Inhalt: Prof. Dr. Dr. Erich Correns, Institut für Polymerenchemie der Akademie der Wissenschaften der DDR, 153 Teltow-Seehof, Fernruf: Teltow 4831; Prof. Dr.-Ing. habil. Wolfgang Bobeth, Institut für Technologie der Fasern der Akademie der Wissenschaften der DDR, 801 Dresden, Hohe Str. 6, Fernruf: 44721; Prof. Dr.-Ing. Hans Böhringer, 682 Rudolstadt; Prof. Dr. Hermann Klare, Prof. Dr. habil. Burkart Philipp und Dr. habil. Christian Ruscher, Institut für Polymerenchemie der Akademie der Wissenschaften der DDR, 153 Teltow-Seehof, Fernruf: Teltow 4831. Schriftleiter: Joachim Brämer und Dipl.-Chem. Ingeborg Ruscher, 153 Teltow-Seehof, Kantstr. 55. Verlag: Akademie-Verlag GmbH. 108 Berlin, Leipziger Str. 3—4. Satz und Druck: Druckhaus „Maxim Gorki“, 74 Altenburg. — Veröffentlicht unter der Lizenznummer 1280 des Presseamtes beim Vorsitzenden des Ministerrates der Deutschen Demokratischen Republik.

Faserforschung und Textiltechnik

WISSENSCHAFTLICH-TECHNISCHE ZEITSCHRIFT FÜR DIE CHEMIEFASER- UND TEXTILINDUSTRIE

Band 24 | Oktober 1973 | Heft 10

25 Jahre Institut für Technologie der Fasern in Dresden der Akademie der Wissenschaften der DDR

DK 061.62.001.6 (430.2-73) "451"

Am 1. Oktober 1973 besteht das Institut für Technologie der Fasern in Dresden 25 Jahre. Es wurde im Jahre 1948 aus dem Bestreben heraus gegründet, beim Wiederaufbau nach dem zweiten Weltkrieg auf dem Faserstoff- und Textilgebiet eine Keimzelle für die Forschung zu schaffen.

Bereits sein erster Direktor, Prof. Dr.-Ing. *Walter Frenzel*, der Mitbegründer und langjährige Mitherausgeber der „Faserforschung und Textiltechnik", sah die enge Verbindung der wissenschaftlichen Arbeit mit der industriellen Praxis als wichtigstes Anliegen des Instituts an. Getreu dem traditionellen Wahlspruch der Akademie „Theoria cum praxi" wurden die Forschungsarbeiten von Anfang an aus den unmittelbaren Interessen der Industrie abgeleitet und auf ihre schnellstmögliche praktische Nutzanwendung ausgerichtet.

Im Laufe der Jahrzehnte kam es dann immer mehr darauf an, den wissenschaftlichen Vorlauf für die künftige Entwicklung der industriellen Produktion mit sichern zu helfen. Hierzu bedurfte es einer zielstrebigen Profilierung der Faserstoff- und Textiltechnologie als wissenschaftlichem Arbeitsgegenstand, wozu eine umfassende Beteiligung vieler Disziplinen von Naturwissenschaften und Technik gehört. Für das Gebiet organischer und anorganischer Polymerer konnten grundlagenorientierte Forschungen, vorzugsweise mit Hilfe meß- und prüftechnischer, prozeßanalytischer, physikalischer und chemischer Arbeitsmethoden, stoffbezogen entwickelt werden. Sie sind die Basis für das Eindringen in die Gesetzmäßigkeiten der technologischen Prozesse und ermöglichen Nutzanwendungen für die Weiterentwicklung der Verarbeitungs- und Verfahrenstechnik. Auf diese Entwicklungsetappe des Instituts wurde unter seinem jetzigen Direktor, Prof. Dr.-Ing. habil. *Wolfgang Bobeth*, eingeschwenkt.

Die heutige strukturelle Zuordnung des Instituts für Technologie der Fasern zum Forschungsbereich Chemie der Akademie, die inhaltliche Verknüpfung der Forschungsvorhaben innerhalb des Programms „Stoffe und Stoffwandlung" sowie auch die engen Verbindungen mit Forschungseinrichtungen der Industrie sichern ein breites Erkenntnisreservoir, bereichern die wissenschaftlichen Zielsetzungen und fördern die gesellschaftliche Nützlichkeit der Forschungstätigkeit.

In den ersten 15 Jahren seines Bestehens wurden im Institut für Technologie der Fasern vorwiegend mechanisch-technologische Probleme bearbeitet. Hervorzuheben sind dabei vor allem die erstmalige Entwicklung einer Spinnzentrifuge mit 40000 U/min zum Herstellen von Baumwollgarn unter Verwendung herkömmlicher Streckwerke, Untersuchungen von Zugbeanspruchungen am laufenden Faden und bei Flächenbildungsprozessen sowie Arbeiten über die Laufeigenschaften von Spindeln.

Lange Zeit nahm auch die Bastfaserforschung einen breiten Raum ein. Sehr intensiv wurden Arbeiten zur Sortenbewertung von Faserlein und zur Gewinnung von Bastfasern betrieben. Für eine Substitution der anaeroben durch die aerobe Röste konnten die erforderlichen wissenschaftlich-technischen Voraussetzungen geschaffen werden. Man befaßte sich ferner mit der Umgestaltung der Flachsspinnmaschine, mit Trocknungsprozessen beim Naßspinnverfahren, später mit dem Grünentholzen des Faserpflanzenstrohes in Verbindung mit einem nachfolgenden chemischen Aufschluß sowie mit der Entwicklung einer Technologie zum Herstellen hochwertiger Plattenmaterialien aus Schäben für die Möbelindustrie.

Die textiltechnologischen Messungen wurden entsprechend ihrer Bedeutung für die Aufklärung von Beziehungen zwischen Ursache und Wirkung bei der Herstellung von Chemiefaserstoffen zu einer prozeßanalytischen Arbeitsweise ausgebaut. Für Messungen an schnellaufenden Syntheseseiden wurde ein Meßstand unter Anwendung moderner Elektronik und Rechentechnik entwickelt, der Untersuchungen zum Reckprozeß mit weitreichender Parametervariation erlaubt. Die im Zusammenhang mit Reckvorgängen gewonnenen Erkenntnisse fanden bereits Anfang der 60er Jahre in der Gestaltung des bekannten Autosicherheitsgurtes ihren Niederschlag, und in jüngster Zeit konnte in der Strumpfindustrie ein Verfahren zum fadenbrucharmen Verarbeiten reckreduzierter Syntheseseiden erfolgreich erprobt werden.

Auf dem Gebiet der Texturierung von Chemieseiden leistete das Institut einige Beiträge, vor allem zum Zwirntrennverfahren und zur Prüfung von Texturfäden.

Eng mit der Geschichte des Instituts sind die vielseitigen Forschungsarbeiten zur wissenschaftlichen Durchdringung der Glasseidentechnologie verbunden. Das Institut befaßte sich mit der Strukturbildung des Fadens im Erspinnprozeß, mit Spinnschlichten auf Basis einheimischer Rohstoffe, mit der textilen Verarbeitung bis hin zur thermisch-chemischen Veredlung von Glasseidengeweben, mit der Entwicklung von Erzeugnissen aus Glasfaserstoffen (z. B. Dekogewebe, Reifencord, Filtergewebe, Bauelementeträger für die

Elektrotechnik/Elektronik) sowie mit Prüfmethoden. Die hierbei gewonnenen Erkenntnisse und Erfahrungen fanden u. a. beim Aufbau des VEB Glasseidenwerk Oschatz ihren Niederschlag. Es liegt auf der Hand, daß die Wechselbeziehungen zwischen den Herstellungsverfahren für organische und für anorganische Chemiefaserstoffe verfolgt und genutzt werden.

Zur mikroskopischen Identifizierung von neuen und modifizierten Faserstoffen sowie zur systematischen Entwicklung von Textilprüfverfahren wurden international anerkannte Beiträge geliefert.

Auf dem Gebiet der Textilveredlung sind insbesondere Arbeiten zur Entwicklung eines vielseitig anwendbaren Textilhilfsmittels auf der Grundlage des Methacrylsäure-Chromkomplexes zum Anschmutz- und Waschverhalten von Faserstoffen, zur fäulnishemmenden Appretur für Textilien aus Cellulosefaserstoffen, zur Fischnetzimprägnierung sowie zur Wirkungsweise von Färbebeschleunigern für Polyesterfaserstoffe hervorzuheben.

Eine neue, das heutige Profil des Instituts wesentlich mitbestimmende Arbeitsrichtung ist die Strahlentechnik. Seit etwa 10 Jahren werden in zunehmendem Maße grundlegende Arbeiten zur Nutzanwendung der aktivierenden Wirkung von Elektronenstrahlen für die Faserstoffmodifizierung durchgeführt. Das Institut verfügt seit kurzer Zeit über einen modernen, leistungsfähigen Elektronenbeschleuniger, der in der Sowjetunion entwickelt und gebaut und in enger Zusammenarbeit mit den Experten des Instituts für Technologie der Fasern in Dresden installiert wurde. Mit der Bestrahlungsanlage sollen künftig Veredlungsverfahren zur permanenten Verbesserung des Trageverhaltens von Bekleidungstextilien, zur Verbesserung der Anfärbbarkeit von Polyesterfaserstoffen und weitere technologische Prinziplösungen entwickelt werden. Die Ergebnisse und Erkenntnisse der zielgerichteten wissenschaftlichen Arbeiten werden nicht nur für die Chemiefaserstoff- und die Textilindustrie, sondern auch für andere Industriebereiche Bedeutung erlangen.

Für die kommenden Jahre erwarten Partei- und Staatsführung eine gut und weitsichtig geplante Forschungstätigkeit mit hoher Effektivität. Das Institutskollektiv ist sich diesbezüglich seiner hohen Verantwortung gegenüber unserer sozialistischen Gesellschaft voll bewußt und auch von jeher bestrebt gewesen, alle anfallenden Erkenntnisse in vielfältiger Form in den Wissenschaftsfundus und zur unmittelbaren Nutzung in unsere sozialistische Wirtschaft einfließen zu lassen. Die bisherigen Erfolgserlebnisse, die keineswegs leicht errungen wurden, werden Basis und Ansporn zugleich sein, den ständig wachsenden Anforderungen an eine effektive Forschungstätigkeit voll gerecht zu werden.

Faserforschung und Textiltechnik 24 (1973) Heft 10

Phänomenologische Betrachtungen zum Schraubenlinieneffekt bei Glasseiden

Gottfried Wiedemann, Wolfgang Bobeth und Ulrich Müller

Akademie der Wissenschaften der DDR, Institut für Technologie der Fasern in Dresden

Technische Universität Dresden, Sektion Verarbeitungs- und Verfahrenstechnik, Bereich Textiltechnik

DK 677.521:666.189.2:666.016.2:666.019:539.21:535.827.2

Es wird über das Auftreten des Schraubenlinieneffektes bei Glasseide berichtet, der in Abhängigkeit von der Glaszusammensetzung infolge von Mineralsäurebehandlungen auftritt. Im Vordergrund steht die phänomenologische Betrachtung anhand mikroskopischer Untersuchungen.

Феноменологическое рассмотрение эффекта винтовой линии у стеклонитей

Описан эффект винтовой линии, возникающий при обработке стеклонитей минеральными кислотами и зависящий от состава стекла. Особое внимание уделено феноменологическому рассмотрению на основании микроскопических исследований.

Phenomenological Description of the Screw Line Effect in Glass Filament Yarns

The screw line effect in glass filament yarns is described which is caused, depending on the glass composition, by treatment with inorganic acids. The phenomenological description is based on microscopic investigations.

1. Einleitung

Über das Aufreißen der Glasseidenoberfläche in Form einer Schraubenlinie nach vorangegangener Mineralsäurebehandlung wurde bereits mehrfach berichtet [1, 2, 3]. Es besteht die Auffassung, daß diese Erscheinung mit einem Ionenaustauschvorgang zwischen den H-Ionen im umgebenden Medium und Ionen im Glas in Verbindung gebracht werden kann [4 bis 8], der sich u. a. in einem Festigkeitsverlust der Glasseide und einer Vergrößerung der spezifischen Faserstoffoberfläche äußert. Unklarheiten bestehen darin, ob und wie das Auftreten des Schraubenlinieneffekts mit einer Volumen- bzw. Längenkontraktion des Fadens zusammenhängt und für welche Zusammensetzungstypen des Glases der „Spontanbruch" [3] der Oberfläche charakteristisch ist. Mit diesen Fragen befaßt sich die vorliegende Arbeit, wobei von einigen phänomenologischen Betrachtungen ausgegangen wird.

2. Mikroskopische Untersuchungen an mineralsäurebehandelten Glasseiden

Im lichtmikroskopischen Bild erscheinen Glasseiden bekanntlich glatt und strukturlos. Bei Flußsäurebehandlungen an E-Glasseiden konnte eine Art „Scheinlumenbildung" beobachtet werden [9]. Bei der Behandlung mit Flußsäure/Schwefelsäure-Gemischen konnten Auflösungserscheinungen unter Bildung von Gipskristallen wahrgenommen werden [10]. Es wird ferner berichtet [11], daß Mineralsäurebehandlungen zu Aufrauhungen der Oberfläche von E-Glasseiden führen, die bis zur Porenbildung reichen. Mit Hilfe von Flußsäurebehandlungen (1%ige HF, 2,5 min Einwirkungszeit, 20 °C) konnten „Schichtablösungen" beobachtet werden [12], wobei sich ein „definierter Kern" mit glatter Oberfläche abzeichnete. Hieraus wurden Folgerungen mit der Aussage des Vorhandenseins von „Kernmantelstrukturen" gezogen. In einer anderen Arbeit [13] kommt man zu gleichen Folgerungen, wobei die Glasseiden in schwach alkalischen Lösungen behandelt wurden. Es wurden Versuche durchgeführt, die beiden letztgenannten Befunde nachzuarbeiten. Das gelang jedoch nicht. An vereinzelten Stellen konnten bei einigen Präparaten zwar hiermit übereinstimmende Wahrnehmungen gemacht werden, um stets wiederkehrende Erscheinungsformen handelt es sich jedoch nicht.

Behandelt man E-Glasseiden mit Mineralsäuren (in die Untersuchungen wurden Schwefel- und Salzsäure bei verschiedenen Konzentrationen, Temperaturen und Einwirkungszeiten einbezogen), so tritt eine Scheinlumenbildung ein. Zunächst ist die als Mantelzone zu erkennende selektiv ausgelaugte Schicht dünn, mit steigender Einwirkungszeit vergrößert sich diese (Bild 1). Es kann gefolgert werden, daß es sich bei dem als Scheinlumen bezeichneten Fadeninneren um den noch nicht von der Säureeinwirkung erfaßten Bereich handelt, bei der Außenschicht dagegen um den bereits ausgelaugten Bereich, der durch eine beträchtliche Erhöhung der spezifischen Faserstoffoberfläche und eine Mikroporigkeit charakterisiert werden konnte.

Wird die Mineralsäurebehandlung weiter gesteigert, treten tangential feine und kurze Ankerbungen an der Oberfläche ein, die sich plötzlich rißartig verlängern und unter Drehungen des Glasseidenfadens in Form einer Schraubenlinie ausbilden (Bild 2).

Es treten einmal Rechtsschrauben, zum anderen Linksschrauben auf, eine Vorzugsrichtung ist nicht abzuleiten. Der Verlauf der Schraubenlinie ist von einer ausgeprägten Regelmäßigkeit. Der Prozeß vom Beginn der Mineralsäureeinwirkung bis zur Scheinlumen- und Schraubenlinienausbildung geht nicht plötzlich vor sich, sondern benötigt eine relativ lange Zeit. Diese ist unter sonst konstanten Bedingungen insbesondere vom Elementarfadendurchmesser abhängig. Die Schraubenlinienausbildung setzt nicht bei allen Glasseidenfäden im Präparat gleichzeitig ein; sie erfaßt zunächst einen Teil des Fadens und schreitet dann schnell in diesem fort (Bild 3).

Erfahrungsgemäß dauert es einige Zeit, bis alle Fäden im Präparat diesen Effekt zeigen. Wird die Zeit der Mineralsäureexposition weiter vergrößert und treten geringe mechanische Beanspruchungen auf, so wird die Oberflächenschicht „abgeworfen"; es erscheint nunmehr allein das Scheinlumen als restlicher Elementarfaden mit verringertem Durchmesser. Besonderheiten sind dann hieran nicht mehr zu erkennen.

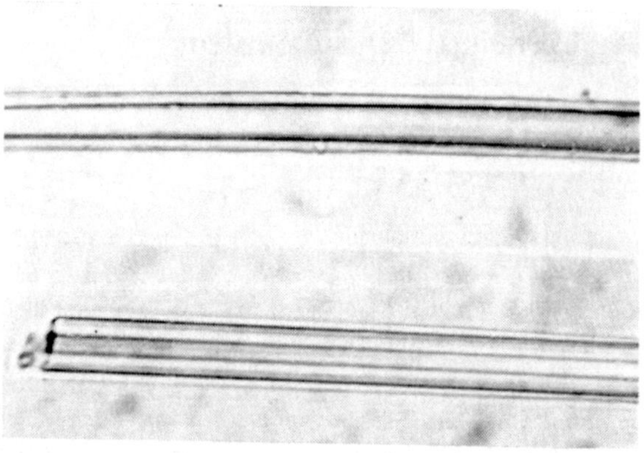

Bild 1. Scheinlumenbildung E-Glasseide 875:1

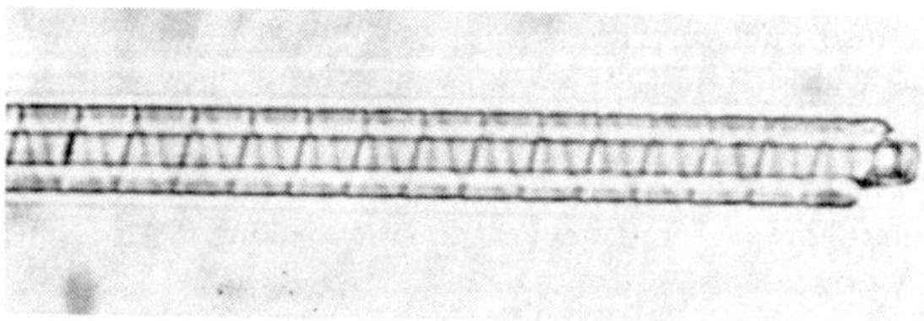

Bild 2. Schraubenlinienausbildung E-Glasseide 875:1

Tabelle 1. Zeitlicher Ablauf für die Entstehung des Scheinlumen- und des Schraubenlinieneffektes (E-Glasseide)

Exposition		1 n H_2SO_4 80 °C		
Elementarfaden-∅ µm		3,8	6	9
Expositionszeit in min	1	SL −	o.B.	o.B.
	5	SL + SR −	SL −	SL −
	10	SL + SR −	SL + SR −	SL −
	15	SL + SR +	SL + SR −	SL + SR −
	20	0 −	SL + SR +	SL + SR −
	30	0 +	SL + SR +	SL + SR +
	40	0 +	0 −	0 −
	60	0 +	0 +	0 −

o.B. : ohne Befund
SL : Scheinlumen
SR : Schraubenlinie
O : Oberflächenschichten entfernt
— : teilweise
\+ : vollständig

Bei besonders sorgfältigem mikroskopischem Präparieren ohne geringste mechanische Beanspruchungen konnten Reste der Schraubenlinienbereiche erhalten werden, siehe hierzu Bild 4. Bei diesem Präparat hatte offensichtlich der Auslaugvorgang den gesamten Fadenquerschnitt bereits erfaßt.

Im Interesse der Nacharbeitung wird in der Tabelle 1 ein Ablaufschema angegeben. Die Angaben hierin tragen den Charakter von Richtwerten, da beobachtet werden konnte, daß trotz gleicher Glaszusammensetzung gewisse Provenienzunterschiede bestehen, die sich auf die Zeitangaben in der Tabelle auswirken. Für die Untersuchungstechnik empfiehlt es sich, für konstante Bedingungen der Säureart, Konzentration und Temperatur die Einwirkungszeit aufzugliedern, die Behandlungen im Thermostaten durchzuführen und anschließend die Proben entsprechend der Zeitgliederung mikroskopisch zu untersuchen. Dann ist es — gegebenenfalls unter Säurezugabe im Präparat und der Verwendung der Heiztischtechnik — leichter möglich, die genannten Erscheinungen zu untersuchen.

Es wurde eine tendenzielle Abhängigkeit des Winkels, den die Schraubenlinie mit der Fadenachse einschließt, vom vorliegenden Elementarfadendurchmesser beobachtet. Bei größeren Fadendurchmessern entsteht ein größerer Steigungswinkel als bei geringeren Fadendurchmessern, siehe hierzu die Tabelle 2. Weiterhin besteht eine Abhängigkeit des Steigungswinkels von den Thermobehandlungsbedingungen, die vor der Mineralsäurebehandlung am Faden vorgenommen wurden. Bei höheren Temperaturen und längeren Verweilzeiten streben die Steigungswinkel größeren Werten zu, siehe hierzu die Bilder 5 und 6. Der Faden im Bild 5 wurde im linken Teil mit Hilfe eines Teclubrenners wärmebehandelt, der rechte Teil durch einen Gasstrom gekühlt.

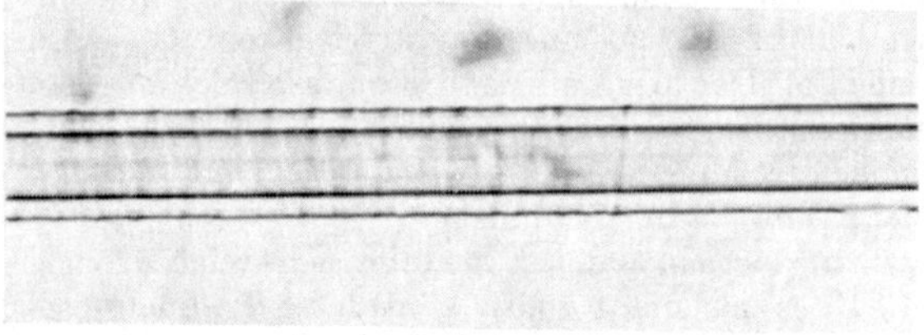

Bild 3. Schraubenlinie E-Glasseide — Anfangsstadium — 875:1

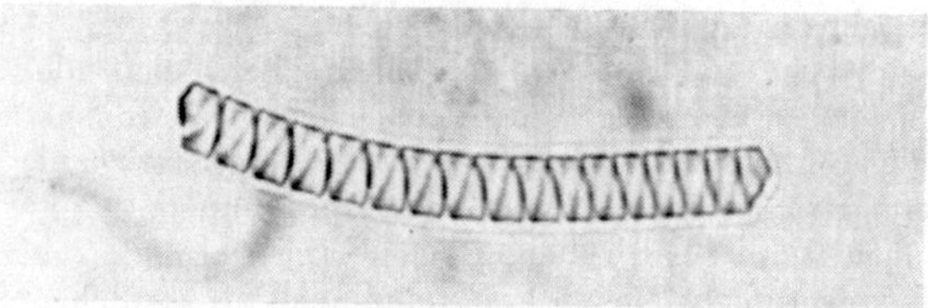

Bild 4. Schraubenlinienerscheinung E-Glasseide ohne Scheinlumen 875:1

Tabelle 2. Steigungswinkel α [°] der Schraubenlinien bzw. Kerben für verschiedene Elementarfadendurchmesser und Fadenbehandlungen

Elementar-faden-∅ (E-Glasseide) µm	Behandlungen			
	ohne	thermobehandelt		
		500 °C 1 h	500 °C 5 h	600 °C 20 h
9···10	65···75	70···80	80···85	≈ 90[1])
6	60···70	70···80	80···85	≈ 90[1])
3,5	50···60	60···75	75···85	≈ 90[1])

[1]) ohne Schraubenlinienausbildung

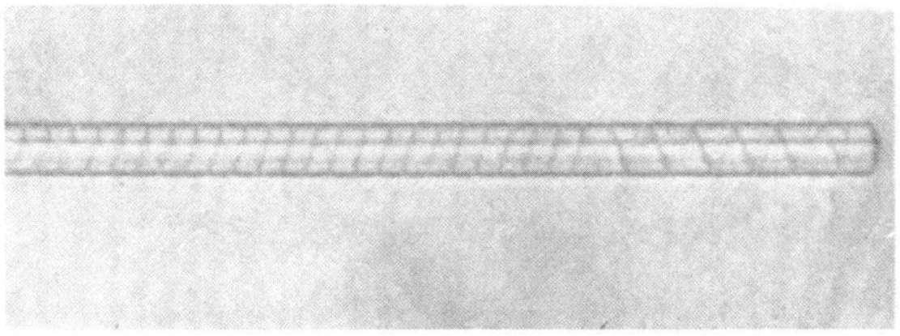

Bild 5. Schraubenlinie E-Glasseide (linker Teil thermobehandelt, rechter Teil nicht) 875:1

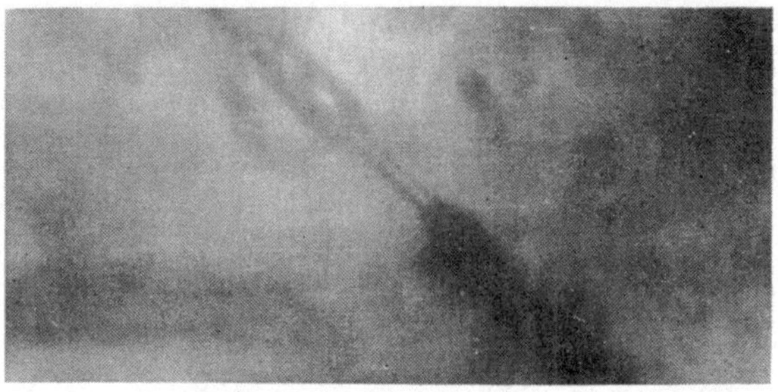

Bild 7. Mineralsäurebehandelte E-Glasseide mit Schraubenlinie — durch mechanische Einwirkungen teilweise abgelöste Oberflächenschicht —

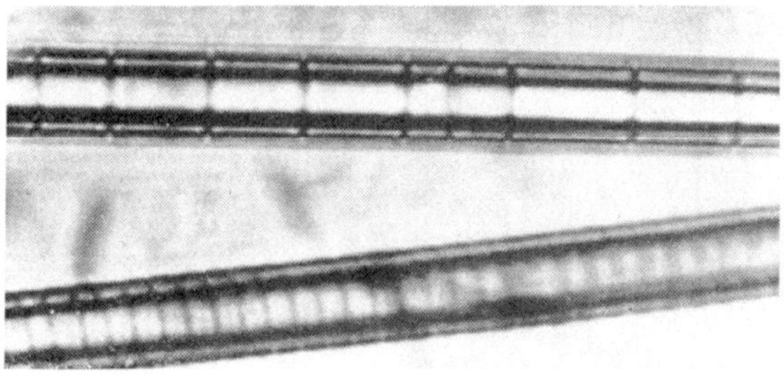

Bild 6. Schraubenlinie bzw. Ringkerben E-Glasseide (oben: thermobehandelt 500 °C 40 h, unten: nicht thermobehandelt)

Bei extremen Thermobehandlungsbedingungen bildet sich keine Schraubenlinie mehr aus; hierbei werden voll ausgebildete ringförmige Kerben beobachtet, die einen Winkel von 90° mit der Fadenachse einschließen. Eine Zusammenfassung dieser Tendenzen enthält die Tabelle 2.

Wird der Glasfaden vor der Mineralsäurebehandlung mit Flußsäure abgeätzt, so tritt die Schraubenlinienerscheinung bei Einwirkung von Mineralsäure zeitlich eher auf; dabei ist der Schraubenlinienverlauf nicht mehr so prägnant, die Linienstruktur ist wesentlich feiner. Ätzt man dickere Oberflächenschichten mit Flußsäure ab (bei einem Elementarfadendurchmesser von ursprünglich 9 μm etwa 2 bis 3 μm), so

Bild 8. E-Glasseide unbehandelt (Oberflächenabdruck) 25000:1

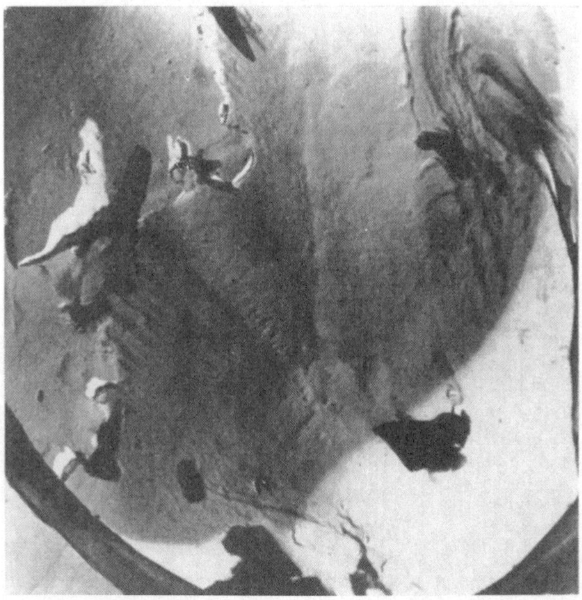

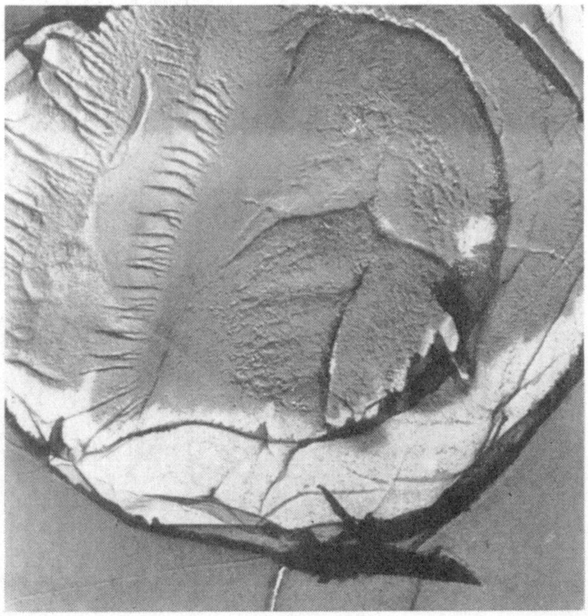

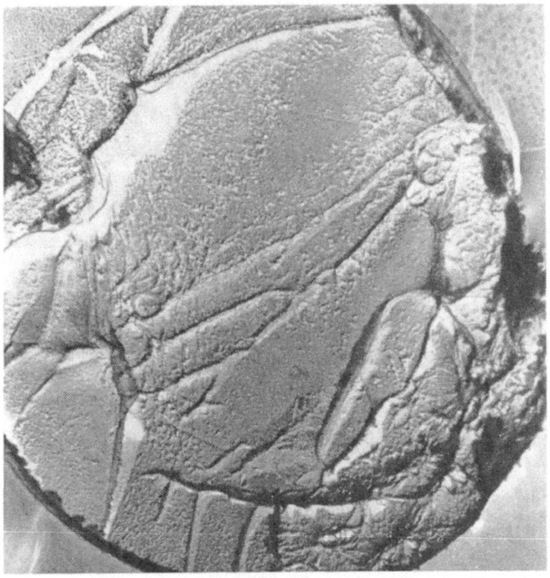

Bild 12. E-Glasseide mit Schraubenlinie (Querschnitt) 1 n H_2SO_4 80 °C 1,5 h 11300:1

bis hin zum Scheinlumen erkennen (Bild 7). Es wird jedoch nicht angenommen, daß diese „definierte Abschälung" auf eine abzugrenzende Kernmantelstruktur hinweist.

Es wurde versucht, mit Hilfe elektronenmikroskopischer Methoden die beschriebenen Erscheinungen in ihrer Aussage zu vertiefen. Die Bilder 8 und 9 wurden nach dem Oberflächenabdruckverfahren gewonnen. Der Ausgangszustand der Glasseide (Bild 8) zeichnet sich durch seine sehr feine Körnigkeit aus. Für diese Aufnahmen wurde eine mittels Wasser ersponnene Glasseide verwendet, um nicht geringfügige Schlichtereste bei entschlichteten Präparaten in Kauf nehmen zu müssen. Hierbei handelt es sich um einen Strukturzustand, für den strukturelle Inhomogenitäten mit Hilfe des Durchstrahlungsverfahrens nachgewiesen werden konnten [15].

Demgegenüber zeigt das Bild 9 eine deutlich hervortretende Feinkörnigkeit, die auf den Mikrophasenaufbau schließen läßt. Hieraus ergibt sich, daß durch Thermobehandlungen die Mikroheterogenität der Struktur vergrößert wird.

Bei den folgenden Bildern handelt es sich um Aufnahmen von Querschnitten von E-Glasseiden, die durch Abdruck der Bruchflächen gewonnen wurden. Bei der unbehandelten Glasseide (Bild 10) erkennt man eine relativ glatte Querschnittsfläche, die Körnigkeit ist mit der des Bildes 8 vergleichbar. Die Körnigkeit wird durch Mineralsäurebehandlungen gröber, sie verstärkt sich mit längeren Behandlungszeiten, siehe hierzu die Bilder 11 und 12.

Zu erkennen ist ferner der Verlauf der Schraubenlinie mit einer Abgrenzung der Struktur zwischen der ausgelaugten Schicht — in den Kreisringen erkennbar — und dem Scheinlumen, das in Bild 11 wenig, im Bild 12 bereits stärker angegriffen ist; die Körnigkeit ist über den ganzen Querschnitt verteilt. Eine stärkere Narbig-

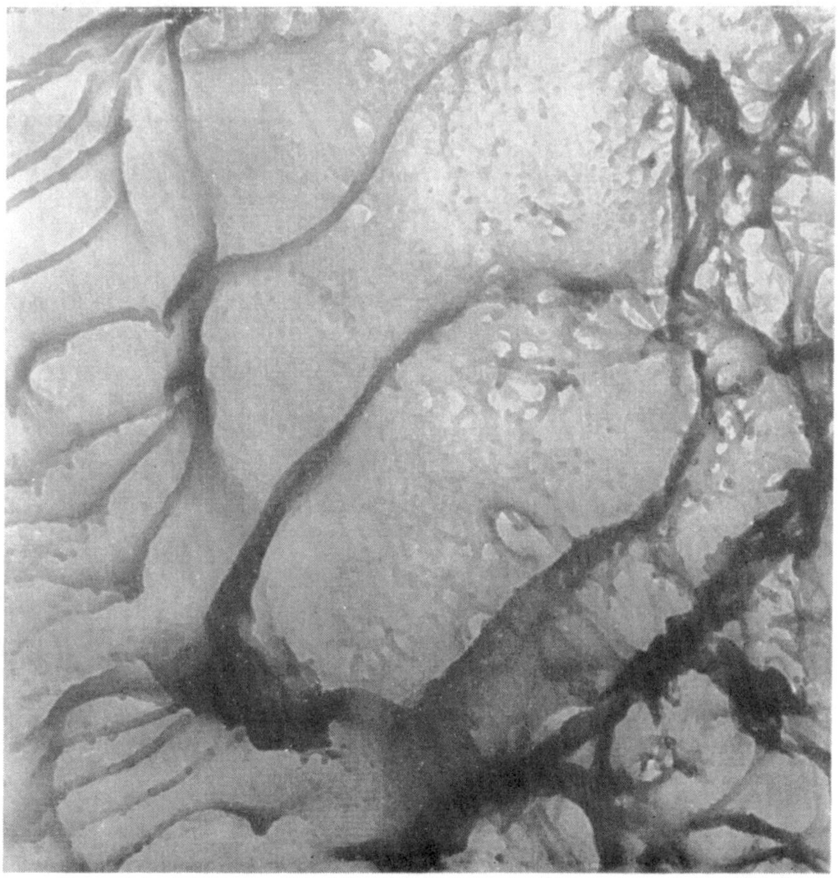

Bild 13. E-Glasseide (Querschnitt) 1 n H_2SO_4 80 °C 5 h 35000:1

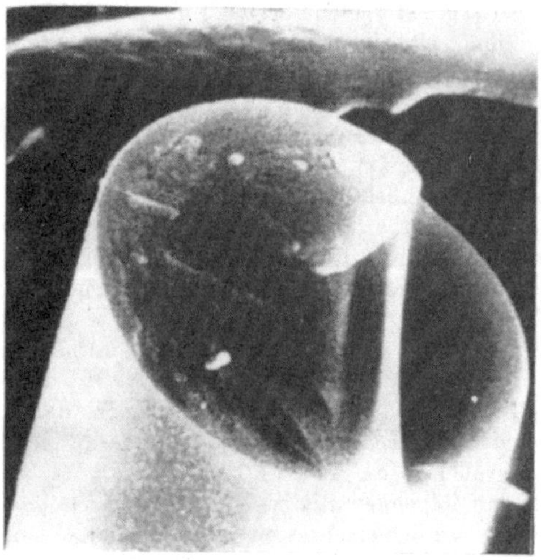

Bild 14. A-Glasseide (REM), Bruchfläche einer nichtgealterten Probe, 8000:1, nach *Bobeth* [17]

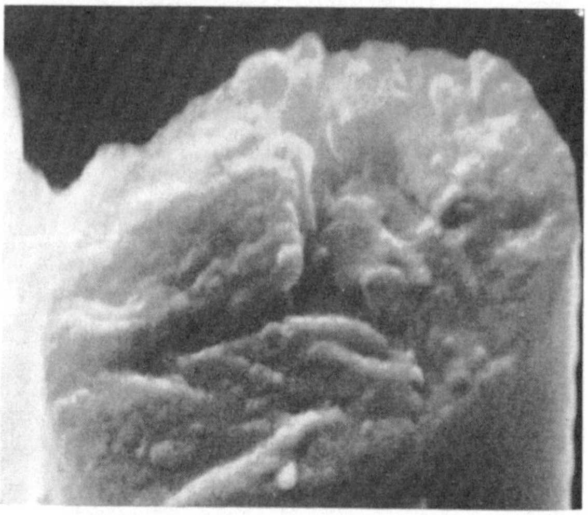

Bild 15. A-Glasseide (REM), Bruchfläche einer gealterten Probe, 10000:1, nach *Bobeth* [17]

Bild 16. E-Glasseide, unbehandelt (HEM) 3000:1

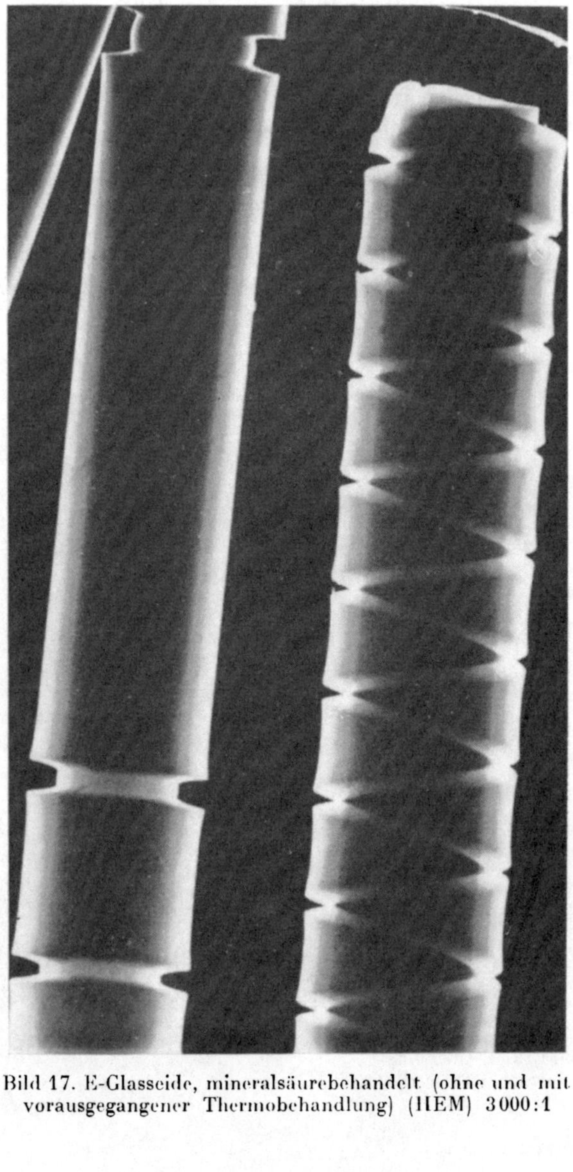

Bild 17. E-Glasseide, mineralsäurebehandelt (ohne und mit vorausgegangener Thermobehandlung) (HEM) 3000:1

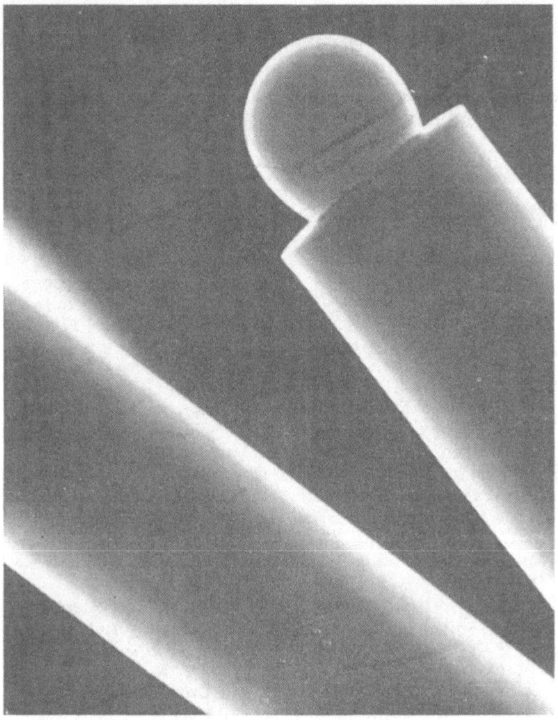

Bild 18. E-Glasseide, mineralsäurebehandelt mit Scheinlumenbildung (HEM) 6000:1

keit, durchsetzt mit Sprungverläufen, wird durch intensive Schwefelsäurebehandlungen bewirkt, siehe hierzu das Bild 13. Die Form der hierbei auftretenden Inselbildung, die die sich durchdringende Mehrphasigkeit der Struktur charakterisiert, erinnert an Merkmale ausgelaugter Gläser vom VYCOR-Typ [16].

Die Beobachtungen an A-Glasseiden, die im „frischen" Zustand relativ glatte, im gealterten Zustand körnige Bruchflächen aufweisen [17], konnte auch bei E-Glasseiden gemacht werden. Die Bilder 14 und 15 zeigen hierzu Aufnahmen von Bruchenden von A-Glasseiden, die mit Hilfe der Rasterelektronenmikroskopie (REM) gewonnen wurden. Die Vermutung bestätigt sich, daß stark gealterte Glasfäden zu körnigen Bruchflächen neigen. Es wird angenommen, daß die Hochtemperaturstruktur der Glasseide infolge Tendenz zur Phasentrennung abgebaut wird.

Orientierende Untersuchungen mit Hilfe der Höchstspannungs-Elektronenmikroskopie (HEM) erbrachten bei Untersuchungen des Ausgangszustandes der Glasseide keine vertiefenden Aussagen (Bild 16). Andererseits konnte mit Hilfe dieser Methodik das Erscheinungsbild der Schraubenlinie bzw. von Ringkerben (thermobehandelte Proben) besonders plastisch herausgearbeitet werden (Bild 17). Das nicht von Mineralsäureangriff veränderte Fadeninnere (Scheinlumen) ist bei dieser Dunkelfeldaufnahme als dunkler, scharf abgegrenzter Fadenkern zu erkennen.

Es wurde bereits darüber berichtet [1], daß es mit Hilfe der Hochtemperaturmikroskopie gelingt, bei mineralsäurebehandelten E-Glasseiden den Ausschmelzvorgang des Fadeninneren zu beobachten. Bei Fäden mit Schraubenlinieneffekt konnte auf diese Weise ein

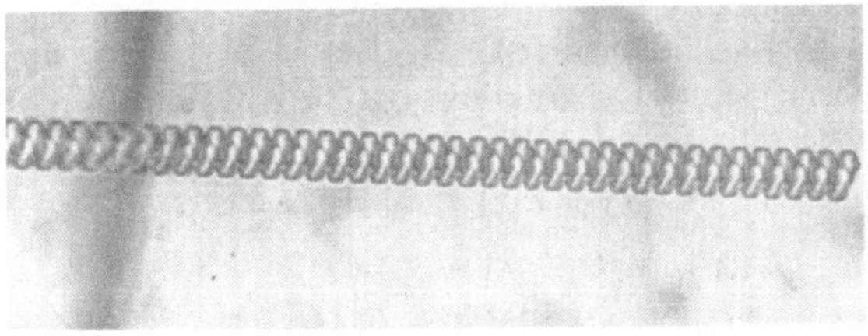

Bild 19. Aus E-Glasfaden mit Schraubenlinie chemisch isoliertes „Wendelskelett" 800:1

„SiO_2-Wendel-Skelett" thermisch herauspräpariert werden. Den Beginn des Ausschmelzvorganges veranschaulicht die HEM-Aufnahme (Bild 18) eines mineralsäurebehandelten Fadens, der eine Scheinlumenbildung aufweist. Das Präparat wurde mit Hilfe einer intensiven Elektronenstrahlfokussierung aufgeheizt, wodurch der Schmelzfluß aus der Scheinlumensubstanz tropfenartig aus dem Faden austritt[1]).

Es kann gezeigt werden, daß es auch auf chemischem Wege gelingt, Isolierungsvorgänge durchzuführen, siehe hierzu das Bild 19. Mit Hilfe einer Mineralsäurebehandlung wurde der Schraubenlinieneffekt erzeugt; das Präparat wurde unter dem Lichtmikroskop mit 2%iger Flußsäure weiterbehandelt. Hierbei wurden offensichtlich die Reste der Netzwerkwandler sowie B_2O_3 schneller gelöst als SiO_2, so daß in der Phase vor der völligen Auflösung das gezeigte „Skelett" sichtbar wurde.

3. Zur Abhängigkeit des Auftretens des Schraubenlinieneffekts von der Glaszusammensetzung

Es wurde gezeigt [3], daß der Schraubenlinieneffekt bei Glasfäden des Systems

$$SiO_2 - Al_2O_3 - CaO - MgO - B_2O_3 - \text{Alkalioxid}$$
$$(Na_2O \text{ bzw. } K_2O > 5\%,\ B_2O_3 = 9\%)$$

auftritt, jedoch nicht bei üblichen E-Glaszusammensetzungen, die durch einen Gehalt an $Na_2O + K_2O < 1\%$ charakterisiert sind. Hieraus wurde die Folgerung gezogen, daß die schraubenlinienförmige Rißerscheinung auf einen Ionenaustauschprozeß

$$SiONa + H^+ \rightarrow SiOH + Na^+$$

in Verbindung mit Spannungsdifferenzen an der Oberfläche (Zugspannung) und im Inneren des Fadens (Druckspannung) zurückzuführen ist [6].

Wir untersuchten Fäden der Glaszusammensetzungen

$$SiO_2 - Al_2O_3 - CaO - MgO - B_2O_3 - \text{Alkalioxid } (< 1\%),$$
$$SiO_2 - B_2O_3 - Na_2O \text{ (Silibor)},$$
$$SiO_2 - Al_2O_3 - CaO - MgO - B_2O_3,$$
$$SiO_2 - Al_2O_3 - CaO - B_2O_3 - K_2O - Na_2O \text{ (Alkalioxide 13\%)},$$
$$(B_2O_3\text{-Gehalte jeweils} > 8\%)$$

[1]) Die HEM-Untersuchungen wurden im Institut für Festkörperphysik und Elektronenmikroskopie Halle der Akademie der Wissenschaften der DDR durchgeführt. Herrn Direktor Prof. Dr. *Bethge* und Herrn Dr. *Kästner* wird für die Durchführung der Arbeiten herzlich gedankt.

und fanden jeweils die Schraubenlinienerscheinung infolge Mineralsäurebehandlung[2]).

Nicht gefunden wurde dagegen der Effekt bei Zusammensetzungen des Typs

$SiO_2 - Al_2O_3 - CaO - MgO - Na_2O - K_2O$,

$SiO_2 - CaO - MgO - Na_2O - K_2O$,

$SiO_2 - Al_2O_3 - CaO - MgO - B_2O_3 - Na_2O - K_2O$ ($B_2O_3 < 2{,}5\%$),

$SiO_2 - Al_2O_3 - CaO - MgO - Fe_2O_3 - K_2O$,

SiO_2.

Das läßt vermuten, daß nicht ein Ionenaustausch mit den Alkaliionen des Glases verantwortlich zu machen ist, sondern in erster Linie ein Herauslösen von in ausgeprägtem Maße vorhandenem B_2O_3 aus dem Glas infolge Mineralsäurebehandlung, siehe hierzu auch [1, 8]. Bei diesen Behandlungen gehen auch Netzwerkwandler in Lösung. Dieser Lösevorgang ermöglicht einen Ausgleich der im Faden des Ausgangszustandes vorhandenen Spannungsdifferenzen, was in einem Aufreißen der Glasfadenoberfläche in Form einer Schraubenlinie unter gleichzeitig auftretender Fadenlängenkontraktion zum Ausdruck kommt. Damit ist zwar die besondere Rolle von B_2O_3 für die Glas- bzw. Fadenbildung sowie die Struktur nicht geklärt; sie weist jedoch auf diese Besonderheit hin.

4. *Schlußfolgerungen*

Der Schraubenlinieneffekt nach erfolgter Mineralsäurebehandlung ist für Glasseiden/Mehrstoff-Systeme des Grundtyps SiO_2/B_2O_3 charakteristisch.

Der Beginn der Wahrnehmung der Schraubenlinienausbildung fällt zeitlich zusammen mit dem Beginn einer Längenkontraktion des Glasfadens [1].

Die Mineralsäurebehandlung bewirkt selektive Lösevorgänge, wobei neben Netzwerkwandlern auch B_2O_3 in Lösung geht. Dieser Lösevorgang ermöglicht offensichtlich einen Ausgleich der im Faden des Ausgangszustandes vorhandenen Spannungsdifferenzen, der in der Fadenlängenkontraktion zum Ausdruck kommt und sich im Aufreißen der Fadenoberfläche in Form einer Schraubenlinie äußert.

Die Beobachtung einer größeren Kontraktionsgeschwindigkeit bei Mineralsäureeinwirkung infolge Oberflächenabätzung [1] und des zeitlich früheren Eintretens der Schraubenlinienerscheinung bei diesen Proben stehen ebenso über den genannten Zusammenhang zwischen Längenkontraktion und Schraubenlinienausbildung in Verbindung wie die Feststellung geringerer Kontraktionswerte bei thermisch behandelten Glasfäden, bei denen darüber hinaus geringere Steigungswinkel der Schraubenlinie auftreten.

[2]) Für die hier angegebenen Zusammensetzungen, hierunter befinden sich auch handelsübliche „Auslaugfasertypen", gelten die Angaben in den Tabellen 1 und 2 sinngemäß.

Literatur

[1] *Wiedemann, G.:* Untersuchungen zur Morphologie der Glasseide. Faserforsch. u. Textiltechnik **22** (1971) 4, S. 192—202.
[2] *Donnet, J.-B., Battistella, R.,* und *Chatenet, B.:* Comportement particulier d'un filament de verre en milieu chlorhydrique. J. Microskopie (1970) 9, S. 273—276.
[3] *Metcalfe, A. G., Gulden, M. E.,* und *Schmitz, G. K.:* Spontaneous cracking of glass filaments. Glass Technol. **12** (1971) 1, S. 15—23.
[4] *Chatenet, B.:* Étude de la composition superficielle des fibres de verre. Dissertation 1971. Universitätszentrum Haut-Rhin und Universität L. Pasteur, Straßbourg.
[5] *Battistella, R.:* Étude de la structure superficielle des fibres de verre. Dissertation 1971. Universitätszentrum Haut-Rhin und Universität L. Pasteur, Straßbourg.
[6] *Metcalfe, A. G.,* und *Schmitz, G. K.:* Mechanismus der Spannungskorrosion in E-Glasseiden. Glass Technol. **13** (1972) 1, S. 5—16.
[7] *Wiedemann, G.:* Beitrag zur strukturellen Deutung ausgewählter Eigenschaften der Glasseide unter besonderer Berücksichtigung morphologischer Erscheinungen. Dissertation 1971, Technische Universität Dresden.
[8] *Wiedemann, G.,* und *Frenzel, H.:* Untersuchungen zur chemischen Beständigkeit der Glasseide. Faserforsch. u. Textiltechnik im Druck.
[9] *Bobeth, W.,* und *Schöne, A.:* Mikroskopische Untersuchungen an Glasfaserstoffen. Faserforsch. u. Textiltechnik **17** (1966) 5, S. 214—220.
[10] *Bobeth, W.,* und *Müller, U.:* Zur Identifizierung anorganischer Faserstoffe. Faserforsch. u. Textiltechnik **7** (1956) 11, S. 497—504.
[11] *Frenzel, H.:* Untersuchungen an oberflächenmodifizierter Glasseide. Dissertation 1968, Technische Universität Dresden.
[12] *Ehrenstein, G. W.:* Grenzflächenenergetische Vorgänge und Eigenspannungszustände in glasfaserverstärkten Kunststoffen. Kautschuk, Gummi, Kunststoffe **20** (1967) 12, S. 719—728.
[13] *Jaray, F. F.:* The strength of heat cleaned glass cloth. Brit. Plastics **28** (1955) S. 390—392.
[14] *Dusollier, G.,* und *Robredo, J.:* Interprétation du mécanisme d'étirage des fibres de verre à la lumière de l'analyse thermique différentielle. Verres et réfract. **24** (1970) 2, S. 63—70.
[15] *Vogel, W.:* Neue Strukturvorstellungen vom Glas und ihr Zusammenhang mit einigen physikalischen und chemischen Eigenschaften. Phys. stat. sol. **44** (1966) S. 255—286.
[16] *Kühne, K.,* und *Skatulla, W.:* Physikalische und chemische Untersuchungen an Gläsern des ternären Systems $SiO_2 - B_2O_3 - Na_2O$ im Bereich der Gläser vom VYCOR-Typ. Silikattechnik **10** (1959) S. 105—119.
[17] *Bobeth, W.:* Zur wachsenden Bedeutung der Glasseide. Silikattechnik, Sonderheft zum 4. Wiss. Kongreß 1968 „Glas — Glasseide — feuerfeste Keramik", S. 51—64.

Eingegangen am 6. Juli 1973

Über das Alterungsverhalten glasseidenverstärkter Polymerwerkstoffe

Teil 1: Auswirkung von Alterungsprozessen auf die Biege-, Zug- und Druckfestigkeitseigenschaften

Gottfried Wiedemann, Ursula Renner und Wolfgang Müller

Akademie der Wissenschaften der DDR, Institut für Technologie der Fasern in Dresden

Institut für Leichtbau und ökonomische Verwendung von Werkstoffen Dresden

DK 677.521:678.046.36:678.019.391:539.41:677.017.4

Es wird über die Auswirkung von Alterungsvorgängen bei glasseidenverstärkten Polymerwerkstoffen unter besonderer Berücksichtigung variierter Grenzflächenbedingungen zwischen Verstärkungsmaterial und Matrix berichtet.
Dieser Teil der Arbeit enthält die nach variierten Alterungsbedingungen erhaltenen Biege-, Zug- und Druckfestigkeitseigenschaften der Verbundstoffe.

К старению стеклопластиков.

Часть 1: Влияние процессов старения на прочность на изгиб, растяжение и сжатие

Приводятся данные о влиянии процессов старения стеклопластиков на их прочностные свойства, причем учитываются, в особенности, различные условия на поверхности раздела фаз между стекловолокном и матрицей.
В данной части работы приводятся прочностные характеристики, полученные при старении в различных условиях.

The Ageing of Glass Fiber Reinforced polymer Materials. Part 1. The Effect of Ageing on Failure in Bending, Tensile and Compression Tests

The effect of ageing of polymer materials reinforced with glass filament yarn has been investigated, considering particularly the conditions at the interface between reinforcing material and matrix. The failure in bending, tensile and compression tests of composites subjected to different ageing conditions is described.

1. *Vorbemerkungen*

Ziel von Alterungsuntersuchungen ist es, zuverlässige Daten über die Zeitabhängigkeit von Werkstoffeigenschaften zu gewinnen, um u. a. daraus Schritte zur Verbesserung der Eigenschaften unter Bedingungen des praktischen Gebrauches einzuleiten. Es wird angestrebt, daß sich die Eigenschaften während der Lebensdauer nicht so weit ändern, daß die Funktionsfähigkeit gestört wird.

Der in der Werkstoffkunde übliche Begriff der Alterung umfaßt zeitabhängige Eigenschaftsänderungen, die sich in erster Linie aus Funktionstüchtigkeitsminderungen von Werkstoffen als Funktion der Zeit unter Umweltbedingungen, aber auch aus Festigkeitsabfällen, hervorgerufen durch statische oder dynamische Belastungen (Ermüdung, Zerrüttung), ergeben können.

Es soll hier nur über erstere Alterungserscheinungen (Umweltbedingungen) berichtet werden. Verschiedene Arbeiten befaßten sich mit der Alterung „zweiter Art" (Materialermüdungen), wie z. B. Untersuchungen variierter Bindemittel auf den Verlauf von *Wöhler*-Kurven, variierter Grenzflächenzustände auf die Spannungsausschläge bei konstanter Spielzahl der Lastwechsel bzw. auf die Lastwechselspielzahl bei konstantem Spannungsausschlag, des Glasgehaltes auf die dynamische Tüchtigkeit oder Materialtrainierungen und auf die elastischen Längen- und Durchbiegungsverhältnisse bei GFP.

Auf Alterungseinflüsse, sofern sie Wärmebeeinflussungen betreffen, wird nicht eingegangen. Ergebnisse über die Alterung der Glasseide selbst wurden bereits veröffentlicht [1].

Bei den als Vielstoffsystem aufzufassenden GFP bestehen Variationen insbesondere hinsichtlich

a) Art und Gehalt des polymeren Bindemittels,
b) Glaszusammensetzung und textilen Aufbaus des Verstärkungsmaterials,
c) Grenzflächenzustand,
d) Art der Härtung und Nachtemperung.

In bezug auf die Variablen a) und d) liegen bereits umfangreiche Untersuchungen vor, siehe z. B. [2 bis 10]. In wesentlich geringerem Umfange trifft dies für die Variablen b) und c) zu. Im Hinblick auf die Art der Textilverstärkung wurde gezeigt, daß Mattenverstärkungen einen größeren Wertabfall bei Wasserlagerungen aufweisen als Gewebe. Bei Verwendung leinwandbindiger Gewebe wurde bereits nach einmonatiger Wasserlagerung ein maximaler Festigkeitsabfall festgestellt, der bei Einsatz vergleichbarer Köpergewebe dagegen erst nach 3 bis 5 Monaten auftrat [11]. Nach Trocknung (mehrere Stunden bei 120 °C) wurden die Ausgangswerte wieder annähernd erreicht, was auch durch Versuche von *Boller* [12] über dynamische Untersuchungen nachgewiesen werden konnte. Obwohl die statischen Ausgangsfestigkeiten bei wassergelagerten Proben stark erniedrigte Werte aufwiesen, gelangte man nach 10^7 Lastwechseln zu nahezu gleichen Zeitfestigkeiten für den trockenen und nassen Prüfkörperzustand, andererseits war die Divergenz der Zeitfestigkeiten bei geringen Lastspielzahlen (10^3 bis 10^4) noch erheblich.

Während bis vor einiger Zeit — insbesondere wegen der Alterungseigenschaften — der Einsatz von A-Glasseide für Plastverstärkungen als recht bedenklich galt [13], konnte später gezeigt werden [14 bis 18], daß der Abfall der Festigkeitswerte für A- und E-Glas im verarbeiteten Zustand durchaus in der gleichen Größenordnung liegen kann.

Hinsichtlich dielektrischer Eigenschaftskennwerte unter Alterungsbedingungen ergeben sich klare Tendenzen [19 bis 20], wobei sich SiO_2-Glasseide, E-Glasseide und A-Glasseiden voneinander abgrenzen, und zwar mit höheren Oberflächenwiderständen und geringeren dielektrischen Verlustfaktoren für die beiden erstgenannten Glasfaserstoffe sowohl im Textilzustand als auch im Glas/Plast-Verbundwerkstoff.

Für die Bewertung der Alterung unterschiedlicher Grenzflächenbedingungen liegen bis auf Wasserexpositionen und Bewetterungsversuche, über 12 bzw. 48 Monate durchgeführt [10, 28], keine Ergebnisse vor. Eine neuere Arbeit

Tabelle 1. Tabellarische Übersicht der Werkstoff-Expositionen und Prüfbedingungen (Glasart „E")

Glaszusammensetzung des E-Glases %	Laminierharze	Grenzflächenzustände	Bewertungsmerkmale	Anz. der Prüfk.	Alterungsexpositionen	Prüf- bzw. Entnahmezeitpunkte
SiO_2: 54,1 Al_2O_3: 14,9 Fe_2O_3: 0,072 BaO: 0,1 CaO: 16,3 MgO: 4,3 Na_2O: 1,6 K_2O: 0,8 B_2O_3: 8,1	1. *Polyesterharz GS* (VEB Chem. Werke Buna) Viskos. 13,1 p Dichte: 1,15 g/cm³ Säurezahl: 26,8 mg KOH Styrolgehalt: 32,5 2. *Epoxidharz EGK 19* (VEB Leuna-Werke) Dichte: 1,14 g/cm³ Epoxidäquival. 199 g Harz/mol Epoxid 3. *Phenol-Niederdruck-Laminierharz Plastatherm 2350* (polyamidmodifizierte Type aus dem VEB Plasta Erkner)	1. therm. entschl. (*therm.*) $R = \sim 0{,}1\%$ [22] 2. Vinyltri(2-meththoxyäthoxy)-silan *VTMAS* 3. Methacryloxypropyltrimethoxysilan *MPTS* 4. Epoxy-Aminosilangemisch *ES-AS* 5. Methacrylsäurechromkomplex *MCK* 6. Aminosilan vom Typ 3-Äthylendiaminopropyltriäthoxysilan *AS* Der Haftmittelauftrag erfolgte nach Rezepturen, die als optimal erkannt wurden [23].	1. *Zugfestigkeit* n. TGL 14070 Form 2; prismatische Versuchslänge 20 mm 2. *Biegefestigkeit* ISO R/178 50 × 15 × 2 Stützweite: 30 mm 3. *Druckversuch* IfL-Richtlin. i. Anlehng. an Niederstadt [24] 4. *Dauerwechselfestigkeit, Wöhler*-Kurve IfL-Richtlin. 78 × 20 × 2	4 5 5 6	1. Lagerung bei Normalklima 2. Bewetterung 3. Lagerung in Feuchtatmosph. (29…30 °C 98…100% rel. LF.) 4. Lagerung in dest. Wasser 20 °C 5. Lagerung in 5%iger Schwefelsäure 20 °C	Ausgangszustand: t_0 nach einem Jahr: t_1 nach zwei Jahren: t_2 nach vier Jahren: t_3
					Textilkonstruktion: Kettbetontes Glasseidengewebe aus im eigenen Technikum ersponn. E-Glasseide, s. Tabelle 2 *Plattenherstellung:* Polyesterharz GS + 2 MT Benzolperoxidpaste (50%ig) *Epilox EKG 19* 9 MT Härter 5 *Phenolharz:* *Plastatherm 2350* Verarbeitung als Prepreg. *Plattendicke:* jew. 2 mm. *Tafelgröße:* 300 × 120 mm (300 mm = Kettrichtung)	

über Seewasser-Klima und Wasserlagerungsuntersuchungen bei 100 °C [21] an GUP beurteilt nicht den Einfluß verschiedener Finishes.

2. *Werkstoff-Expositions- und Prüfbedingungen*

Aus einer Vielzahl von Variationen, die sich aus der gewählten E-Glaszusammensetzung mit verschiedenen Grenzflächenzuständen, Laminierharzen, Bewertungsmerkmalen, Expositions- und Prüfbedingungen sowie Entnahmezeitpunkten ergeben können, wurde eine sinnvolle Auswahl festgelegt; siehe hierzu die Tabelle 1.

Die in den Versuchsplan aufgenommenen Variablen werden nachstehend genannt:

a) ein E-Glasseidengewebe: textilkonstruktive Daten s. Tabelle 2;
b) Laminierharze : sämtlich;
c) Alterungsexpositionen : sämtlich;
d) Entnahmezeitpunkte : sämtlich bei Biege- und Zugfestigkeit, bei Druckfestigkeit: t_0; t_1; t_2;
e) Bewertungsmerkmale Biege-, Zug- und Druck-Festigkeit in Verbindung mit den Alterungsexpositionen : sämtlich;
f) Grenzflächenzustände in Verbindung mit Laminierharzen:

Grenzflächenzustand Laminierharz	therm. entschl.	Vinylsilan	Methacrylsilan	Aminosilan	Epoxy-Aminosilan	Methacrylsäure-Chromkomplex
Polyesterharz	x	x	x		x	x
Epoxidharz	x			x		x
Phenolharz	x			x		x

(Anmerkung: Die mit x gekennzeichneten Kombinationen wurden geprüft)

Tabelle 2. Textilkonstruktive Daten des Glasseidengewebes

Masse je Flächeneinheit g/m²	Gewebebindung	Material Kette / Schuß	Fadenanzahl je Längeneinheit *Kette* / Schuß Faden/cm	Gewebedicke mm
275	Kreuzköper 1/3	ES9 17tex × 2S / ES9 17tex × 2S	66 / 15	0,25

Bilder 1 bis 15. Eigenschaftsbeeinflussung durch mehrjährige Alterung
a = unbehandelt, b = 1 Jahr, c = 2 Jahre, d = 4 Jahre gelagert

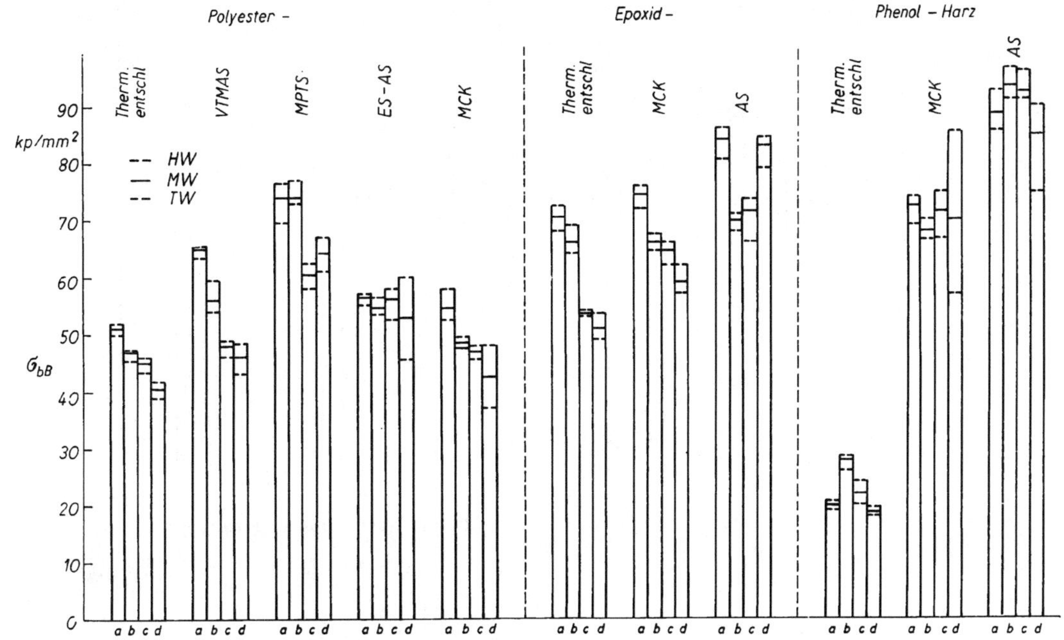

Bild 1. Beeinflussung der Biegefestigkeit durch Normalklimalagerung

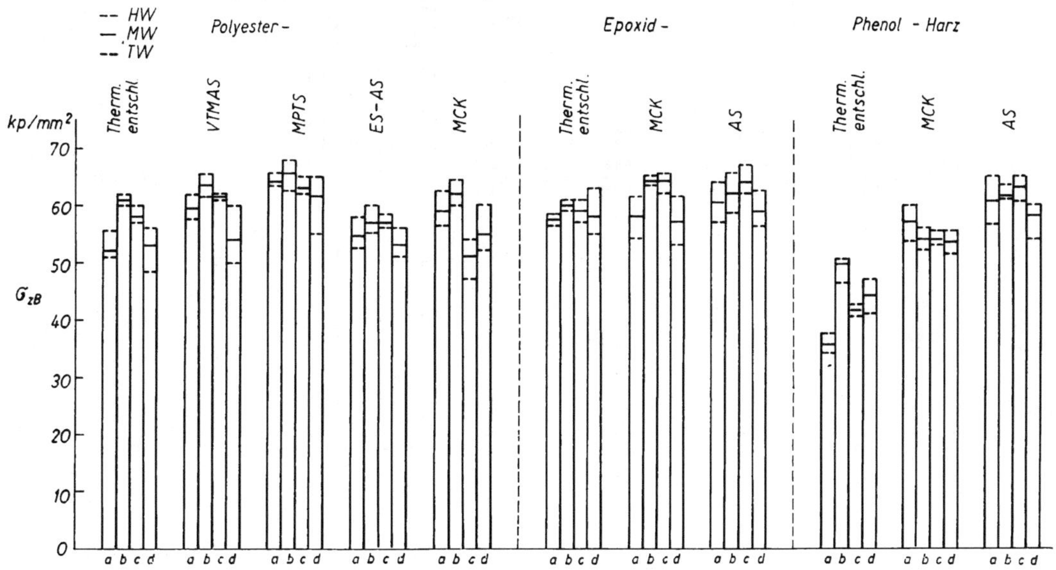

Bild 2. Beeinflussung der Zugfestigkeit durch Normalklimalagerung

Es wurden grundsätzlich die GFP-Tafeln exponiert (*nicht* die Prüfkörper); die Entnahme der Prüfkörper aus den Tafeln erfolgte erst nach der jeweiligen Exposition. Ein Oberflächen- bzw. Randschutz entfiel.

3. Darstellung des Alterungseinflusses unter besonderer Berücksichtigung der Varianten „Bindemittel" und „Grenzfläche"

Die Bilder 1 bis 15 enthalten Zusammenstellungen zur Eigenschaftsbeeinflussung durch eine bis zu vierjährige Alterung für die Prüfmerkmale Biege- und Zugfestigkeit bzw. zweijährige Alterung für die Druckfestigkeit für die gewählten Laminierharze und Grenzflächenzustände.

Grundsätzlich ist festzustellen, daß durch Alterungsbeanspruchungen die Festigkeiten absinken, wobei insbesondere Biege-, aber auch Druckbeanspruchungen empfindlicher reagieren als Zugbeanspruchungen.

3.1. Versuchsergebnisse

Im folgenden werden die Versuchsergebnisse im einzelnen wiedergegeben, wobei die wichtigsten Ergebnisse graphisch dargestellt und kurz referiert werden.

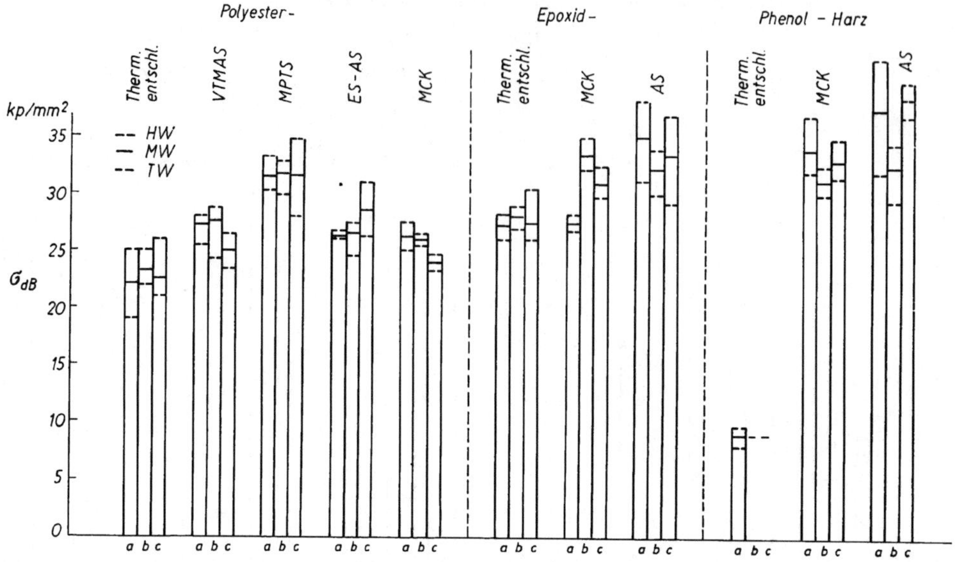

Bild 3. Beeinflussung der Druckfestigkeit durch Normalklimalagerung

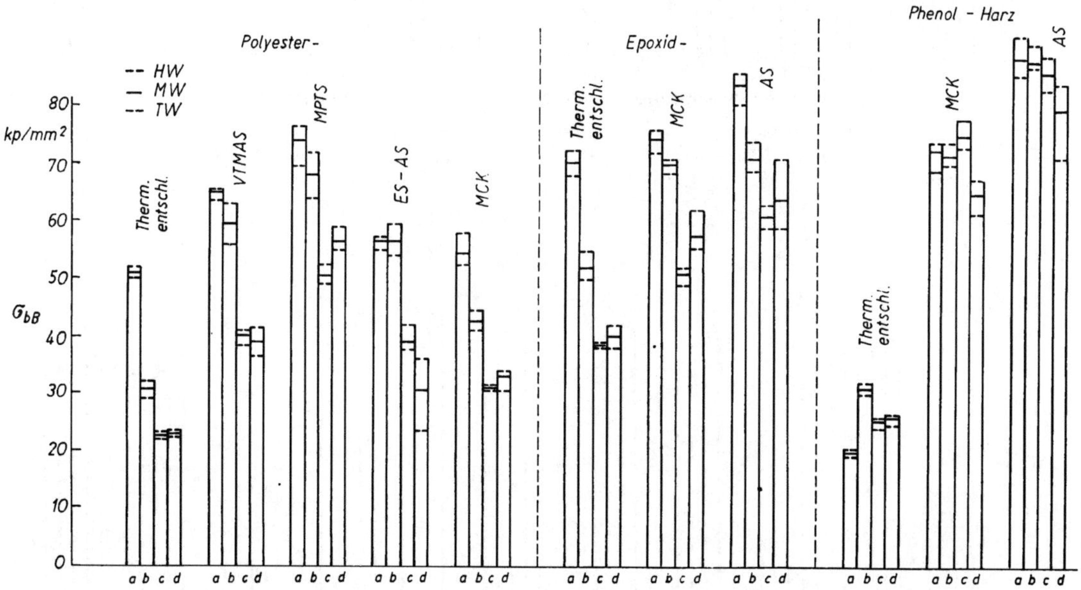

Bild 4. Beeinflussung der Biegefestigkeit durch Bewetterung

3.1.1. Alterung bei Normalklimalagerung

Bei der Normalklimalagerung zeigen Zug- und Druckfestigkeitsergebnisse praktisch keine Werteeinbußen (Bilder 2 und 3). Die Biegefestigkeit (Bild 1) erweist sich als schärferes Kriterium zur Beurteilung von Harzen und Grenzflächenzuständen. In fast allen Fällen, Phenolharz ausgenommen, sinken nach einjähriger Lagerung die Biegefestigkeiten etwas ab. Qualitativ gute Werte werden beim Polyesterharz in Verbindung mit Methacrylsilan als Glasseidenveredlung erreicht; auch das Epoxy/Aminosilan-Gemisch behält über vier Jahre hinweg das Ausgangsniveau. Qualitativ beste Ergebnisse werden insbesondere mit Aminosilan beim Phenol-, aber auch Epoxidharzeinsatz erhalten.

Besonders beachtenswert ist, daß optimale Glasseidenveredlungen die Biegefestigkeitseigenschaften gegenüber dem Zustand ohne Haftmittel bei Polyester- und Epoxidharzen mit dem Faktor 1,5 und bei Phenolharzen mit dem Faktor 4,5 verbessern.

3.1.2. Alterung durch Bewetterung

Unter Berücksichtigung des Kriteriums der Biegefestigkeit äußern sich die komplexen Bewetterungseinflüsse beim Einsatz von Phenolharzen weniger, stärker bei der Epoxidharz- und ausgeprägt bei der Polyesterharzverwendung. Haftmittel vermindern den Werteabfall über der Zeit, wobei sich in erster Linie Aminosilane für Phenolharze und Epoxidharze und Methacrylsilan für Polyesterharze auszeichnen. Der Methacrylsäure-Chromkomplex weist durchweg diesbezüglich etwas schlechtere Eigenschaften auf (Bild 4).

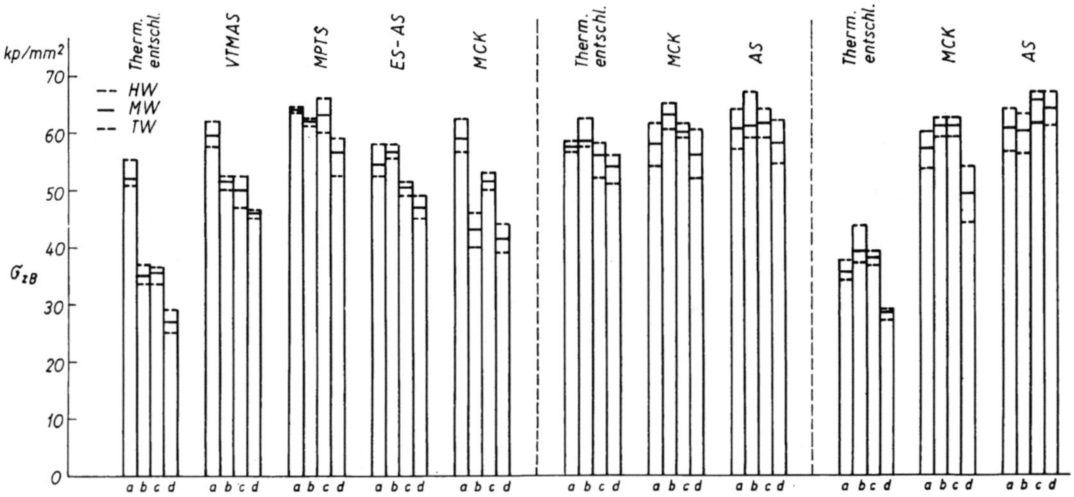

Bild 5. Beeinflussung der Zugfestigkeit durch Bewetterung

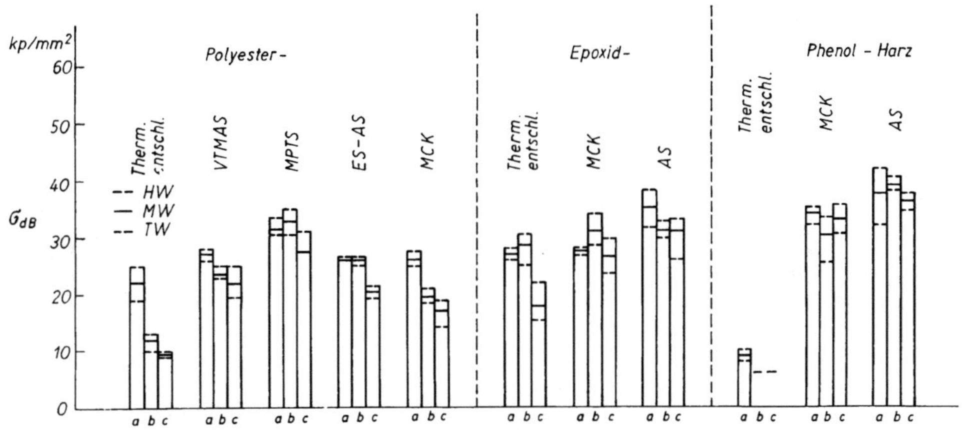

Bild 6. Beeinflussung der Druckfestigkeit durch Bewetterung

Im Hinblick auf die Zug- und Druckfestigkeiten gelten ähnliche Tendenzen, wobei jedoch hierbei der Alterungseinfluß in verminderter Weise zur Auswirkung kommt (Bilder 5 und 6).

3.1.3. Alterung durch Feuchtraumlagerung

Durch Feuchtraumatmosphäre werden bei Biege-, Zug- und Druckfestigkeit (Bilder 7 bis 9) über längeren Lagerzeiten z. T. erhebliche Werteverminderungen gegenüber dem Ausgangszustand bewirkt. Auch gute Haftmittelbehandlungen, wie z. B. Methacrylsilan beim Polyesterharz und Aminosilan beim Epoxid- und Phenolharz verlieren bis zu 40% der Ausgangsbiegefestigkeit nach vierjähriger Lagerung (Bild 7); jedoch liegen sie in ihren Endergebnissen z. T. erheblich über denen der anderen Haftmittelbehandlungen. Zug- und Druckfestigkeit zeigen bei Aminosilan in Verbindung mit Phenolharz gute gleichbleibende Festigkeiten. Alle anderen Haftmittelbehandlungen — über längere Lagerzeit betrachtet — erleiden Wertminderungen.

3.1.4. Alterung durch Wasserlagerung

Im allgemeinen sind die Zugfestigkeitsergebnisse (Bild 11) nach Wasserlagerung als gut zu bezeichnen. Einen vergleichsweise größeren Werteabfall weist der Methacrylsäure-Chromkomplex in Verbindung mit Polyester-Epoxid- und Phenolharz auf. Das gleiche gilt bei der Druckfestigkeit, jedoch nicht nur für Methacrylsäure-, sondern auch für das Silangemisch beim Polyesterharzlaminat.

Bei den Epoxid- und Phenolharzlaminaten erweist sich der Methacrylsäure-Chromkomplex bis zu zwei Jahren Alterung als relativ gutes Haftmittel. Das härteste Kriterium bei der Wasserlagerung ist die Biegefestigkeit (Bild 10); hier zeigt sich deutlich die Überlegenheit der Haftmittel Methacrylsilan bzw. Aminosilan. Alle anderen Veredlungen verlieren 25 bis 30% der Festigkeit schon nach einem Alterungsjahr, dann streben die Werte z. T. asymptotisch einem Endwert zu.

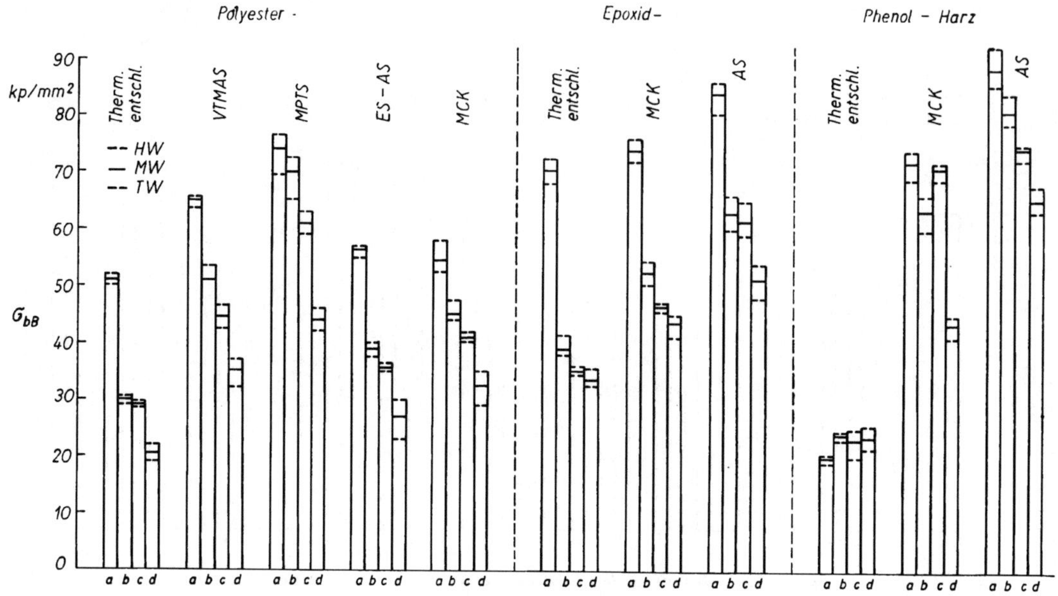

Bild 7. Beeinflussung der Biegefestigkeit durch Lagerung in Feuchtatmosphäre

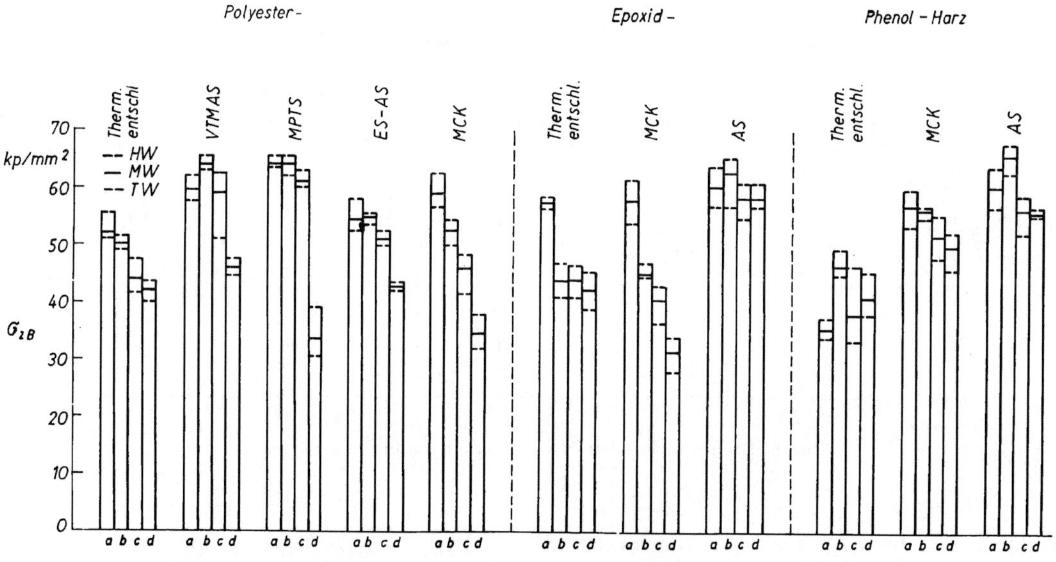

Bild 8. Beeinflussung der Zugfestigkeit durch Lagerung in Feuchtatmosphäre

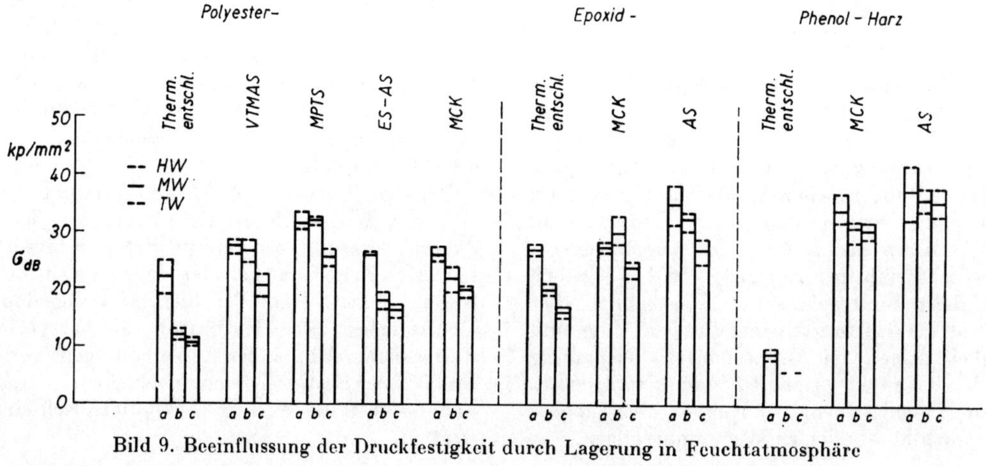

Bild 9. Beeinflussung der Druckfestigkeit durch Lagerung in Feuchtatmosphäre

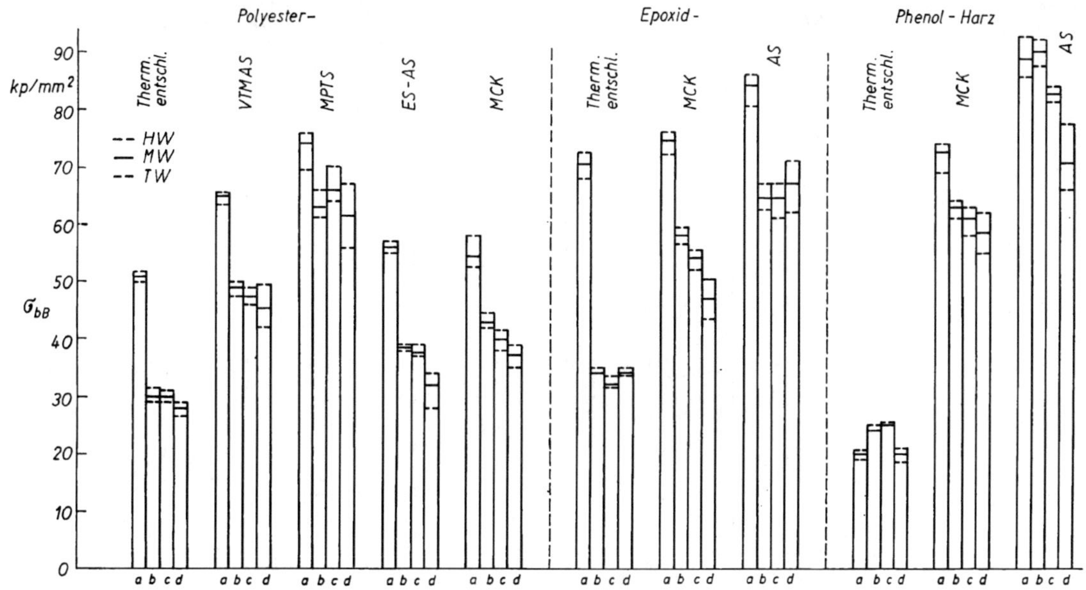

Bild 10. Beeinflussung der Biegefestigkeit durch Wasserlagerung

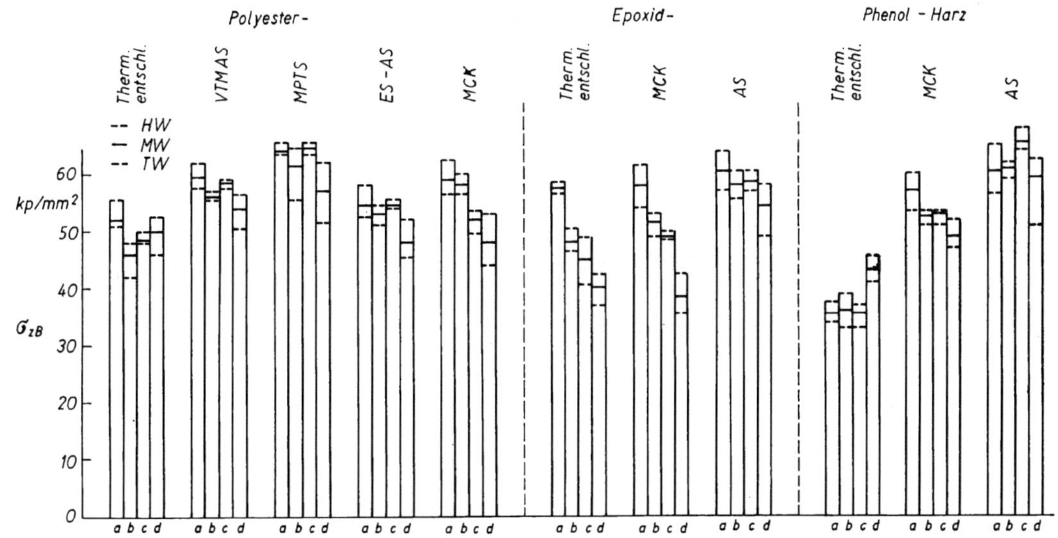

Bild 11. Beeinflussung der Zugfestigkeit durch Wasserlagerung

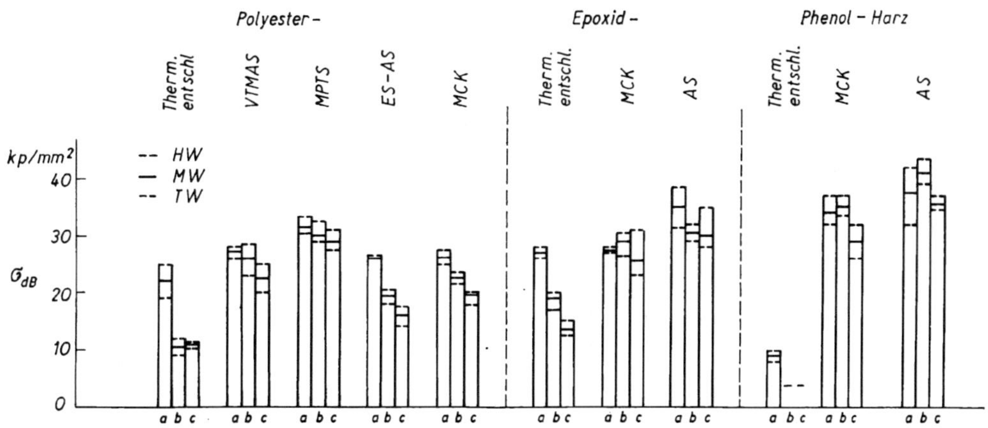

Bild 12. Beeinflussung der Druckfestigkeit durch Wasserlagerung

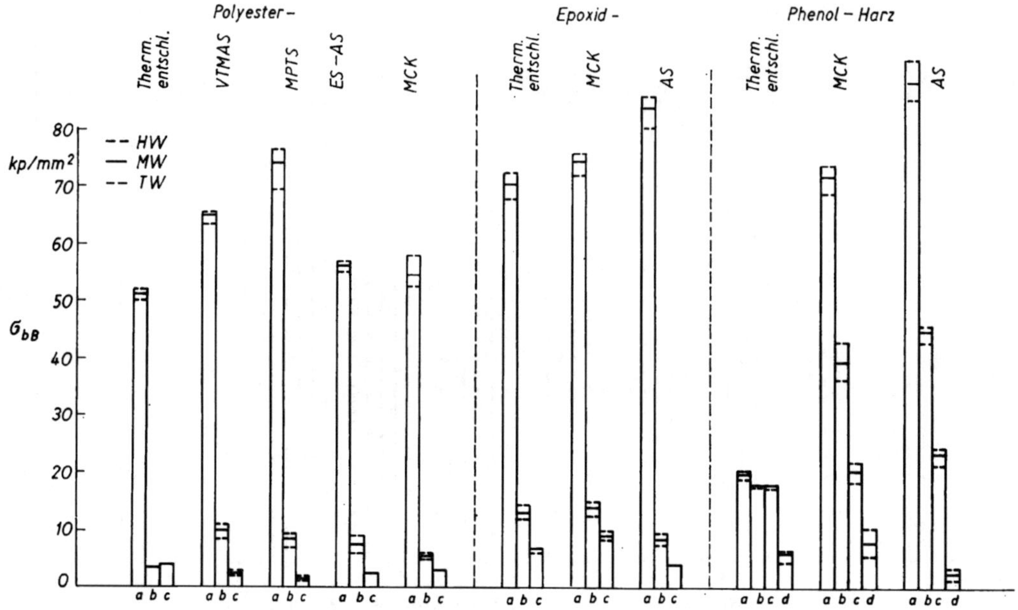

Bild 13. Beeinflussung der Biegefestigkeit durch Schwefelsäurelagerung (5% H_2SO_4)

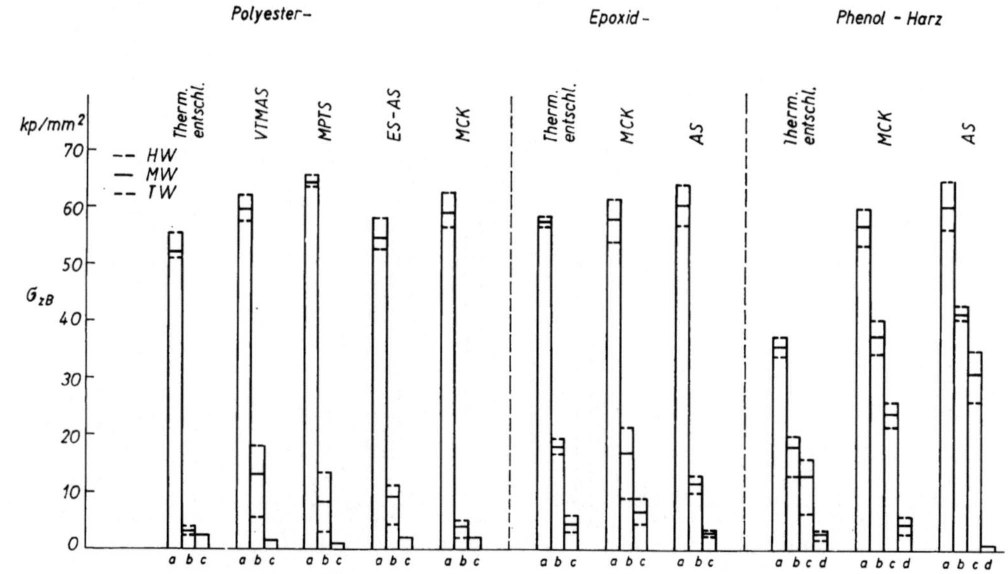

Bild 14. Beeinflussung der Zugfestigkeit durch Schwefelsäurelagerung (5% H_2SO_4)

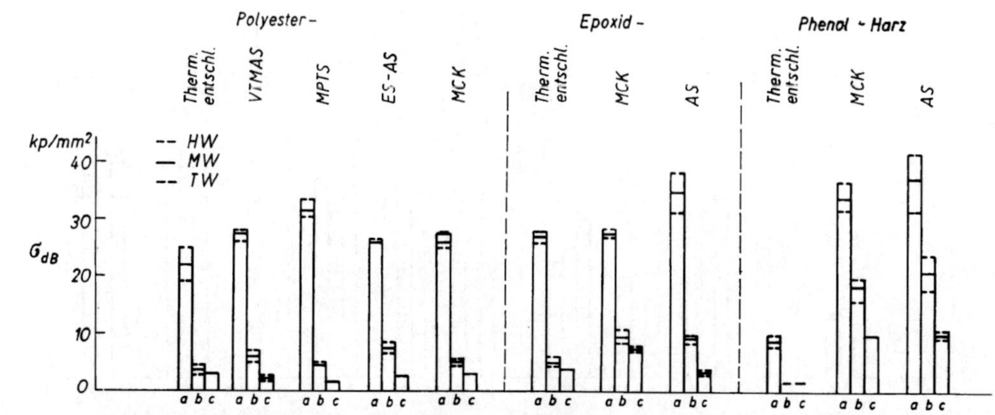

Bild 15. Beeinflussung der Druckfestigkeit durch Schwefelsäurelagerung (5% H_2SO_4)

3.1.5. Alterung durch Schwefelsäurelagerung

Die Ergebnisse hierzu wurden in den Bildern 13 bis 15 zusammengestellt. Das säurebeständigste Harz ist Phenolharz, bei dem eine völlige Zerstörung erst nach vierjähriger Lagerung eintritt. Polyester- und Epoxidharz erweisen sich Schwefelsäurelagerung gegenüber als etwa gleich schlecht, hier tritt bereits nach zwei Jahren völlige Zerstörung ein. Die Wirkung der Haftmittel kann nicht mehr in Erscheinung treten. Beim Phenolharz zeigen die eingesetzten Haftmittel gleiche haftungsverbessernde Eigenschaften, so lange das Laminierharz der Schwefelsäure widersteht.

4. Diskussion der Ergebnisse

Allgemein ist festzustellen, daß über längere Zeit mehr oder weniger große Festigkeitsabfälle bei allen Alterungsarten eintreten. Bei der Normalklimalagerung sind diese am geringsten ausgeprägt und stark haftmittelabhängig. Gewisse Werteschwankungen sollen hier nicht betrachtet werden; diese werden vielfach durch Überschneidung der Vertrauensbereiche kompensiert. Zwischen den Daten der Bewetterung, der Feuchtraum- und Wasserlagerung lassen sich gewisse Parallelen ziehen. Wasserlagerung und Bewetterung zeigen einen oftmals gleichen Verlauf. Ein härteres Kriterium stellt die Feuchtraumlagerung dar, die die Werte z. T. insbesondere nach Betrachten der Vierjahresdaten weiter absinken läßt als bei den beiden erstgenannten Expositionen.

Die Schwefelsäurelagerung sagt lediglich über die Beständigkeit des betreffenden Harzes aus; der Einfluß eines Haftmittels wird nur dann wirksam, wenn das Harz zumindest über gewisse Zeit säurebeständig ist wie im Falle des eingesetzten Phenolharzes. Als gute Haftmittel haben sich, wenn man von der Schwefelsäurelagerung absieht, für Polyesterharz in erster Linie Methacrylsilan und für Epoxid- und Phenolharz Aminosilan bewährt. In zweiter Linie können die anderen hier verwendeten Haftmittel in Betracht gezogen werden.

Durch den Einsatz von Phenolharz als Bindemittel und unter der Voraussetzung einer optimalen Textilglasveredlung können außerordentlich alterungsstabile Verbundwerkstoffe geschaffen werden. Das weist auf die Bedeutung des polymeren Bindemittels bei Alterungsprozessen hin: Maßgeblich für alterungsbeanspruchte Kombinationswerkstoffe sind — neben der Erarbeitung eines optimalen Grenzflächenzustandes — weniger die Textilverstärkungen selbst als vielmehr die Laminierharze, wie dies in den vorliegenden Ergebnissen gezeigt wurde. Das erhärtet die Ansicht, daß bei GFP hinsichtlich stabiler Langzeiteigenschaften primär an der Frage der Weiterentwicklung der Laminierharze (z. B. Polyester-Phenolharz- bzw. Epoxid-Phenolharzkombinationen) und der Textilglasveredlung bzw. Grenzflächengestaltung zu arbeiten ist.

Im Hinblick auf Säureexpositionen sind sowohl Polyester- als auch Epoxidharz-GFP untauglich. Auch die bekannten Textilglasveredlungen unter dem Aspekt der Vermittlung von Hafteigenschaften versagen hier. Das ist erklärlich, da

1. übliche Haftmittelbehandlungen keinen wirksamen „Faserstoffschutz" ergeben [25] und
2. Reaktionsintensivierungen an der Grenzfläche, bewirkt durch bifunktionelle Verbindungen — unwirksam werden müssen mit der Zerstörung des polymeren Bindemittels.

Säurebeständige Laminierharze lassen eine gewisse Eignung von GFP auch unter diesen Bedingungen erkennen, was u. a. auf die Dringlichkeit der Entwicklung einer chemikalienresistenten Textilglasveredlung hinweist.

Die hier mitgeteilten Ergebnisse werfen auch die oft diskutierten Fragen nach zu wählenden Abminderungsfaktoren bei der Bemessung von GFP-Konstruktionsteilen auf [26, 27], die teilweise — überhöht angesetzt — einem breiteren GFP-Einsatz im Wege stehen.

5. Zusammenfassung

In der vorliegenden Arbeit wurden Alterungsergebnisse von Laminaten unter Berücksichtigung verschiedener Grenzflächenzustände und Laminierharze dargestellt. Dem Anwender werden Daten an die Hand gegeben, die ihm den Alterungseinfluß bei verschiedenen Glasseidengewebe-Verbundwerkstoffen unter besonderer Berücksichtigung variierter Textilglasveredlungen und unter verschiedenen Expositions- und Zeitbedingungen verdeutlichen und somit die Wahl geeigneter Materialien für einen bestimmten Einsatzzweck erleichtern können.

Literatur

[1] *Bobeth, W.*, und *Renner, U.*: Untersuchungen über das Alterungsverhalten verschieden imprägnierter Glasgewebe (alkalihaltig). Faserforsch. u. Textiltechnik **10** (1959) 6, S. 263—270.
[2] *Matting, A.*, und *Haferkamp, H.*: Zum Alterungsverhalten von GFK. Kunststoffe **52** (1962) 12, S. 722—731.
[3] *Jablokoff, A. Kh.*: Einfluß der Alterung auf die mechanischen Eigenschaften von Schichtstoffen aus Glasseidengeweben und Polyesterharzen. Ind. Plastiques modernes **13** (1961) 2, S. 25—30.
[4] *Laue, E. W.*: Licht- und Wetterbeständigkeit von glasfaserverstärkten Polyesterharzen. Plastverarbeiter **14** (1963) 10, S. 642—649.
[5] *Oswilch, S.*: Einige Aspekte der thermischen und chemischen Alterung von Polyester GFP. Reinf. Plastics (1963) S. 116—122.
[6] *Cass, R. A.*, und *Henner, O. H.*: Vergleichende Alterungsuntersuchungen von Polyester-GFP. Ind. engng. Chem. **56** (1964) 8, S. 29—34.
[7] *Rugger, G. R.*, und *McNally, C. H.*: Wetterbeständigkeit von verstärkten Plasten. 17. Techn. Konf. Sect. SPJ 11 A, S. 1—6.
[8] *Moore, G.*: Alterungsuntersuchungen von glasfaserverstärkten Plasten. 17. Techn. Konf. SPJ Sect. 11 D, S. 1—12.
[9] *Panferov, K. A.*, u. a.: Einfluß der Alterung auf die physikalisch-mechanischen Eigenschaften von GFK. Stroit. Mater, Moskva **11** (1965) 9, S. 9—10.
[10] *Haferkamp, H.*: Zum Alterungsverhalten glasfaserverstärkter Kunststoffe. Dissertation TH Hannover 1962.
[11] *Krolikowski, W.*: Das Last-Dehnungs-Diagramm glasfaserverstärkter Polyesterharze. Plaste u. Kautschuk **9** (1962) 8, S. 389—391.
[12] *Boller, K. H.*: Fatigue properties. Mod. Plastics **34** (1957) 10, S. 163—186 und 293.
[13] *Hagen, H.*: Glasfaserverstärkte Kunststoffe. Berlin, Göttingen, Heidelberg: Springer 1961.
[14] *Feuer, S. S.*, und *Torres, A. F.*: Glasfaserverstärkungen für Plaste. Chem. Engng. (1963) 22, S. 168—170.
[15] Die Verwendung von E- und A-Gläsern für Plastverstärkungen. Resin News **2** (1962) 3, S. 6.
[16] *Hausmann, I.*: Vergleichende Kurz- und Langzeituntersuchungen an GFK. II. Internationale Tagung über GFK und Gießharze 1967, Berlin E 2/S. 1—12.

[17] *Weisbart, H.:* Erfahrungen bei der Herstellung und Verarbeitung von A-Glasfasern für Kunststoffverstärkungen. I. Internationale Tagung über GFK und Epoxidharze 1965 Berlin, C 6/S. 1—6.

[18] *Wende, A., Moebes, W.,* und *Fiedler, W.:* Herstellung, Eigenschaften und Anwendungsbereiche alkalihaltiger Glasseidenerzeugnisse für die Kunstharzverstärkung. I. Internationale Tagung über GFP und Epoxidharze 1965 Berlin, C 5/S. 1—6.

[19] *Schmidt, K. A. F.:* Textilglas in der Elektrotechnik. II. Internationale Tagung über GFK und Gießharze Berlin: 1967, E 10/S. 1—11.

[20] *Baranowski, V. V., Dulizkaja, G. M.,* und *Gentscharenko, I. V.:* Zur Frage der Feuchtigkeitsbeständigkeit von Glasseidenschichtstoffen. Plast. Massy, Moskva (Plast. Massen) (1963) 7, S. 43—45.

[21] *Knabe, W.:* Untersuchungen zum Alterungsverhalten von GUP. Plaste u. Kautschuk **19** (1972) 11, S. 839 bis 842.

[22] *Wiedemann, G.:* Über Eigenschaften thermisch nachbehandelter Glasseidengewebe. Faserforsch. u. Textiltechnik **14** (1963) 10, S. 410—416.

[23] *Wiedemann, G., Renner, U.,* und *Ziegenspeck, B.:* Über Eigenschaften thermisch-chemisch nachbehandelter Glasseidengewebe. II. Analytische Probleme bei der Veredlung von Glasseidengeweben. Faserforsch. u. Textiltechnik **17** (1966) 10, S. 444—452.

[24] *Niederstadt, G.:* Druckprüfung an glasfaserverstärkten Kunststoffen. Kunststoffe **53** (1963) S. 217—219.

[25] *Wiedemann, G.:* Einsatz von Glasseide für die Textilindustrie. Teil II: Verwendung bei Filtergeweben für die Heißgasentstaubung. Dt. Textiltechnik **18** (1968) 8, S. 511—515.

[26] *Reinhardt, K.-G.,* und *Ader, W.:* Die Alterung gewebeverstärkter Polyesterharzlaminate durch Wasserlagerung. Plaste u. Kautschuk **10** (1963) 11, S. 688—695.

[27] *De Dani, F.,* und *Pickthall, D.:* GFK als Konstruktionsmaterial. Maschinenmarkt **67** (1961) 103, S. 75—79.

[28] *Wurtinger, H.:* Einfluß der Außenbewitterung auf die Biegefestigkeit verschiedener Glasfaserkunststoffe. Kunststoffe **57** (1967) 1, S. 56—58.

Eingegangen am 29. Juni 1973

Die Anwendung von Elektronenbeschleunigern für die Modifizierung textiler Materialien[1]

Wolfgang Bobeth, Adolf Heger, Helmar Päßler, V. D. Orechov, R. P. Gomozova, E. V. Korableva und K. D. Pismannik

Akademie der Wissenschaften der DDR, Institut für Technologie der Fasern in Dresden

Zentrales Wissenschaftliches Forschungsinstitut der Baumwollindustrie, Moskau

DK 677.1/.5 677.862.25:677.862:541.15:539.12.04:539.1.076

Mit der Entwicklung leistungsfähiger Elektronenbeschleuniger wurden die Voraussetzungen für die technische Nutzung strahlenchemischer Grundlagenerkenntnisse geschaffen. In der vorliegenden Arbeit, die im Rahmen einer arbeitsteiligen Zusammenarbeit zwischen der UdSSR und der DDR durchgeführt wurde, werden die Ergebnisse zweier Arbeitsrichtungen dargelegt, die für die Entwicklung industriell verwertbarer Verfahren zur strahlenchemischen Veredlung textiler Materialien unter Anwendung von Elektronenbeschleunigern interessant sind.

Применение ускорителей электронов для модификации текстильных материалов

Разработка мощных ускорителей электронов создала предпосылки технического использования принципов радиационной химии. В данной работе, проведенной совместно институтами ГДР и СССР, приводятся результаты исследований в двух направлениях, представляющих интерес для разработки методов радиационно-химической обработки текстильных материалов с применением ускорителей электронов в промышленном масштабе.

Use of Electron Accelerators for the Modification of Textiles

The development of highly effective electron accelerators provided the basis of technological application of radiochemical methods. The results obtained by cooperation of investigators in the USSR and GDR with two topics of investigation are described, which are of importance for the development of industrial methods for radiochemical finishing of textiles by use of electron accelerators.

Einleitung

Arbeiten zur Entwicklung von Verfahren für die strahlenchemische Modifizierung textiler Materialien werden seit einiger Zeit weltweit durchgeführt. Entscheidend beeinflußt wurde dieses neue Arbeitsgebiet durch die erfolgreichen Entwicklungen zur Herstellung leistungsfähiger Elektronenbeschleuniger — insbesondere in der UdSSR und den USA —, die die Voraussetzung für eine industrielle Nutzung der wissenschaftlichen Ergebnisse sind. Industriell attraktive Verfahren können nur im Rahmen einer Forschungskooperation von Vertretern verschiedenster technischer und naturwissenschaftlicher Disziplinen erarbeitet werden. Die nachfolgend dargelegten Ergebnisse sind im Rahmen einer arbeitsteiligen Zusammenarbeit zwischen dem Institut für Technologie der Fasern in Dresden, der Akademie der Wissenschaften der DDR und dem Zentralen Wissenschaftlichen Forschungsinstitut der Baumwollindustrie, Moskau, erhalten worden.

[1]) Vorgetragen anläßlich des Wissenschaftlichen Kongresses zur Leipziger Herbstmesse 1973 von Dr.-Ing. *A. Heger.*

1. Grundsätzliche Betrachtungen

Wirken energiereiche Strahlen, z. B. in Form von Elektronenstrahlen aus Elektronenbeschleunigern oder von Gammastrahlen, die von meist künstlich hergestellten Radionukliden ausgestrahlt werden, auf hochpolymere Werkstoffe, so werden Ionenpaare und angeregte Moleküle gebildet, die durch Sekundärreaktionen zu freien Radikalen führen. Diese freien Radikale können für eine technisch und technologisch sehr interessante Variante zur Veredlung von Roh- und Fertigprodukten, nämlich zur strahlenchemisch initiierten Pfropfcopolymerisation, herangezogen werden. Hierbei sind unter Pfropfcopolymeren solche Hochpolymere zu verstehen, bei denen an eine Makromolekülkette mehr oder weniger lange Seitenketten „angepfropft“ sind. Diese Seitenketten können dem Material zusätzliche günstige Eigenschaften verleihen, beispielsweise eine bessere Anfärbbarkeit, eine geringere Neigung zu elektrostatischer Aufladung, eine Verbesserung der bekleidungsphysiologischen Eigenschaften durch erhöhte Feuchteaufnahme sowie bakteriostatische Eigenschaften.

Verfahrenstechnisch ist bei der strahlenchemisch initiierten Pfropfcopolymerisation zu gewährleisten, daß die durch Bestrahlen des hochpolymeren Roh- oder Fertigproduktes (z. B. Folien oder Textilmaterialien) gebildeten freien Radikale mit monomeren Substanzen in Kontakt gebracht werden. Die freien Radikale initiieren die Polymerisation der monomeren Substanz, so daß sich am Makromolekül Seitenketten bilden. Durch geeignete Auswahl der monomeren Substanz können vielfältige Eigenschaftskombinationen erreicht werden. Prinzipiell gibt es zwei Verfahrensvarianten zur strahlenchemisch initiierten Pfropfcopolymerisation, einmal die Simultanmethode und zum anderen die Vorbestrahlungsmethode.

Bei der Simultanmethode läßt man die monomere Substanz vor der Bestrahlung mit energiereichen Strahlen in den hochpolymeren Werkstoff eindringen und bestrahlt dann Polymeres und Monomeres gemeinsam. Bei der Vorbestrahlungsmethode wird der hochpolymere Werkstoff zunächst mit energiereichen Strahlen bestrahlt und anschließend mit der monomeren Substanz in Kontakt gebracht. Hierbei ist keinesfalls der einen oder der anderen Methode a priori der Vorzug zu geben; letztlich entscheiden der angestrebte Effekt, die Prozeßökonomie sowie Polymeren- und Monomereneigenschaften über die Auswahl der Verfahrensvariante.

Im folgenden sollen die Ergebnisse zweier Arbeitsrichtungen dargelegt werden, wobei im ersteren Falle die Simultanmethode und im zweiten Falle die Vorbestrahlungsmethode zur Anwendung kamen.

2. *Modifizierung der Eigenschaften von Baumwollgeweben durch strahlenchemische Methoden*

Pfropfcopolymere von Cellulosefaserstoffen können als Grundlage zur Herstellung textiler Materialien mit verschiedenartigen wertvollen Eigenschaften, die bis zum vollständigen Verschleiß der Erzeugnisse erhalten bleiben, dienen.

In der Textilindustrie der UdSSR wurde bereits die chemische Initiierung der Pfropfcopolymerisation von Cellulose mit Calciumacrylat technologisch verwirklicht, und zwar bei der Herstellung blutstillenden Mulls für medizinische Zwecke [1, 2].

Die chemische Initiierung der Polymerisation läßt sich am einfachsten dadurch bewerkstelligen, daß man der wäßrigen Monomerlösung einen Aktivator zusetzt (z. B. Ammoniumperoxidisulfat). Hauptvorteil dieser Form der Pfropfcopolymerisation ist die Möglichkeit der Verwendung von bekannten Veredlungsapparaturen. Hauptnachteil dieser chemischen Polymerisationsinitiierung ist die Anwesenheit der chemisch aktiven Startersubstanz in der Monomerenlösung. Sie verursacht beträchtliche und unvermeidliche Homopolymerisationsverluste sowohl bei der Lagerung der Monomerenlösung als auch während des Pfropfcopolymerisationsprozesses. Außerdem schädigt der Aktivator das zu modifizierende Material und verschlechtert damit dessen Festigkeitseigenschaften.

Die strahlenchemische Initiierung der Pfropfcopolymerisation weist gegenüber der chemischen folgende Vorzüge auf:

Hoher Ausnutzungsgrad der Monomeren, was zur Wirtschaftlichkeit des Verfahrens beiträgt,

wesentlich geringerer Abfall der Festigkeitseigenschaften des zu modifizierenden Materials und

vielseitige Anwendbarkeit unmittelbar in der Textilveredlungsindustrie.

An der Entwicklung strahlenchemischer Verfahren zur Veredlung textiler Materialien wird, wie bereits erwähnt, in vielen Ländern gearbeitet. So hat zum Beispiel in den USA die Firma Deering-Milliken ein strahlenchemisches Verfahren zur Knitterechtausrüstung von Baumwollgeweben und Mischgeweben aus Baumwoll- und Polyesterfasern entwickelt und in die Textilindustrie eingeführt [3, 4].

Für die Modifizierung der Eigenschaften von Geweben aus Cellulosefaserstoffen mittels strahlenchemischer Pfropfcopolymerisation erwies sich die Simultanmethode bei Anwendung des Monomeren in flüssiger Phase als am besten geeignet. Dabei ist der technologische Ablauf ähnlich anderen Veredlungsprozessen in der Industrie: Tränken des Gewebes mit Monomerlösung, Bestrahlen (Copolymerisation), Spülen. Der Hauptvorteil dieses Verfahrensablaufes ist die kurze Dauer des Pfropfcopolymerisationsprozesses (Bruchteil einer Sekunde), falls leistungsstarke Strahlungsquellen (Elektronenbeschleuniger) verwendet werden. Die Durchlaufgeschwindigkeit des Gewebes kann bis zu 100 m/min betragen, wenn sie nicht durch eine Mindesttränkungsdauer des Cellulosematerials in der Monomerenlösung begrenzt ist.

Unter der Einwirkung ionisierender Strahlung treten in der Cellulose wie auch in anderen Stoffen freie Radikale auf, die durch das Aufbrechen chemischer Bindungen entstehen. Es kann dabei schließlich zum Abbau der Cellulose und damit zur Verminderung des Polymerisationsgrades kommen. Es ist festgestellt worden [5, 6], daß unter normalen Bestrahlungsbedingungen Cellulosematerial schon durch Dosen von etwa 1 Mrd eine Minderung des Polymerisationsgrades auf fast die Hälfte des Ausgangswertes aufweist. Die Reißkraft hingegen vermindert sich unter den gleichen Bedingungen wesentlich langsamer. Hauptsächlich Sauerstoff und Feuchte, die in den Cellulosefasern enthalten sind, fördern diesen Abbauprozeß der Cellulose. Um wesentliche Festigkeitsverluste zu vermeiden, muß also die strahlenchemische Modifizierung der Eigenschaften von Cellulosematerialien mit Dosen bis zu 1 Mrd durchgeführt werden. Die Autoren der vorliegenden Arbeit haben festgestellt, daß die Reißkraft von Baumwollgeweben bei Bestrahlung mit Dosen dieser Größenordnung sowohl im trockenen als auch

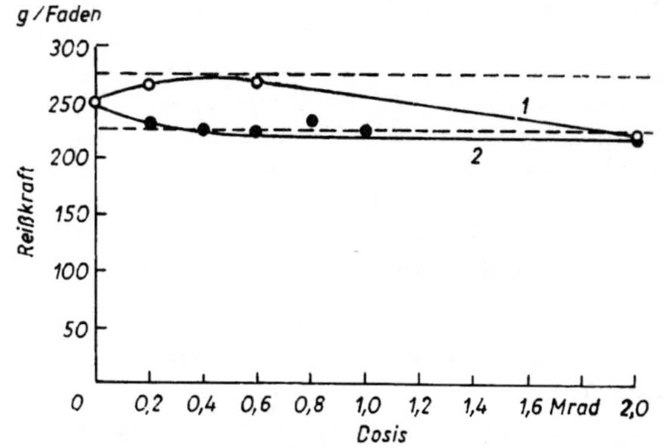

Bild 1. Zusammenhang zwischen Reißkraft und Dosis bei Baumwollgewebe
1 trockenes Gewebe
2 nasses Gewebe

im nassen Zustand ihren Wert innerhalb des von der GOST-Norm vorgeschriebenen Toleranzbereichs beibehält (siehe Kurven 1 bzw. 2 im Bild 1).

Bei Einwirkung ionisierender Strahlung auf Cellulosematerial, das in einer wäßrigen Monomerlösung gequollen ist, tritt in allen Teilen des Systems eine Radiolyse ein. Die freien Radikale, die sich aus den Wasser- und Monomermolekülen bilden, sind gleichmäßig über das Lösungsvolumen verteilt und können miteinander reagieren. Dadurch wird eine Homopolymerisation bewirkt, die für die Pfropfcopolymerisation in der flüssigen Phase unter Einwirkung von Strahlung geringer Dosisleistung (in der Größenordnung einiger 100 rd/s) charakteristisch ist. Dieser Mangel des Flüssigphasenverfahrens zur Initiierung der Pfropfpolymerisation bei der Simultanmethode hat die Einführung des Verfahrens bisher behindert.

Es konnte jedoch festgestellt werden, daß der Gehalt an Homopolymerisat im Produkt mit wachsender Dosisleistung der beschleunigten Elektronen abnimmt: Während im Bereich unterhalb 1 krd/s noch zwei Drittel des gebildeten Polymeren Homopolymerisat darstellen, fällt oberhalb von 2 krd/s die Homopolymerisationsgeschwindigkeit steil ab. Die Pfropfpolymerisationsgeschwindigkeit verringert sich jedoch mit wachsender Dosisleistung im angegebenen Bereich wesentlich langsamer. Wegen dieses Unterschiedes in der Abhängigkeit der Geschwindigkeiten der beiden parallel zueinander ablaufenden Prozesse von der Dosisleistung führt die Pfropfcopolymerisation in der flüssigen Phase unter Einwirkung eines Elektronenstrahls bei Dosisleistungen zwischen 20 und 100 krd/s zu einer hohen Effektivität der Pfropfung. Der Gehalt an Homopolymerisat liegt unter diesen Bedingungen nur bei wenigen Prozenten der Gesamtmenge des gebildeten Polymeren. Die in der oben zitierten Arbeit [7] beschriebene Beobachtung hat eine sehr große praktische Bedeutung, da damit die Möglichkeit zur Pfropfung von Polymeren in einer in Sekunden meßbaren Zeitspanne bei einer fast völligen Unterdrückung der unerwünschten Homopolymerisatbildung gegeben wird. Die optimalen Werte der Dosisleistung liegen Literaturangaben zufolge [8] im Bereich bis zu 2 Mrd/s, wobei diese Frage noch nicht hinreichend genug untersucht ist.

Die bereits erwähnten Vorzüge des strahlenchemischen Verfahrens zur Initiierung einer Pfropfcopolymerisation in der flüssigen Phase unter Einwirkung beschleunigter Elektronen gegenüber chemischen Verfahren bestehen im vorliegenden Fall in der höheren Produktivität und der Senkung der Veredlungskosten für textile Materialien infolge besserer Monomerenausnutzung.

Auf der Grundlage früher durchgeführter Untersuchungen [9] wurde eine kleintechnische Laboranlage zur kontinuierlichen Modifizierung von Textilmaterialien in der flüssigen Phase unter Verwendung eines Elektronenbeschleunigers geschaffen.

Die Anlage ist im Bild 2 schematisch dargestellt. Das Gewebe mit einer Breite bis zu 80 cm gelangt von der Rolle 1 mit einer Geschwindigkeit von 0,6 m/min in die Flotte 2, wo es von der Monomerenlösung durchtränkt wird (bis zu 10 min). Nach dem Abquetschen auf den Walzen 3 (bis zu einem Feuchtegehalt von 100 bis 120%) tritt das Gewebe in die Bestrahlungszone des Elektronenbeschleunigers ein (Dosisleistung 50 krd/s, Dosis 0,8 bis 1,0 Mrd), wo die Pfropfcopolymerisation erfolgt. Anschließend wird das Gewebe in drei Abteilen 5 mit fließendem Wasser gespült und nach dem Abquetschen mit den Walzen 3 auf die Rolle 7 aufgewickelt. Die Trocknung und Weiterbearbeitung des modifizierten Gewebes erfolgt auf anderen Aggregaten.

Auf der beschriebenen Anlage werden u. a. die Betriebsbedingungen für den technologischen Prozeß zur antimikrobiellen Ausrüstung aus Cellulosefasern durch Aufpfropfen von Polyacrylsäure, Polymethacrylsäure oder Calciumpolyacrylat mit anschließender Umwandlung in Kupferpolyacrylat (Kupfergehalt 2 bis 3%) erarbeitet. Auf diese Weise modifizierte Gewebe behalten ihre antimikrobielle Aktivität auch nach mehrfachem Waschen bei Temperaturen bis zu 90 °C mit neutralen Waschmitteln von der Art des Waschpulvers „Novost“ bei (vgl. Bild 3). Der Kupfergehalt

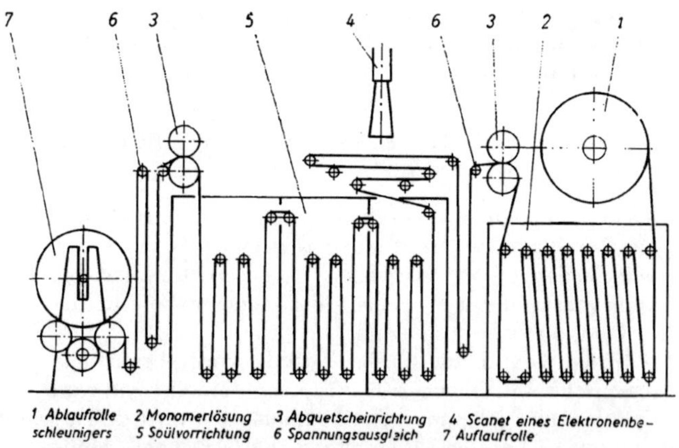

Bild 2. Schematische Darstellung einer kontinuierlich arbeitenden Laboranlage zur Veredlung textiler Flächengebilde durch strahlenchemische Pfropfcopolymerisation in der flüssigen Phase
1 Ablaufrolle
2 Monomerlösung
3 Abquetscheinrichtung
4 Scanner eines Elektronenbeschleunigers
5 Spülvorrichtung
6 Spannungsausgleich
7 Auflaufrolle

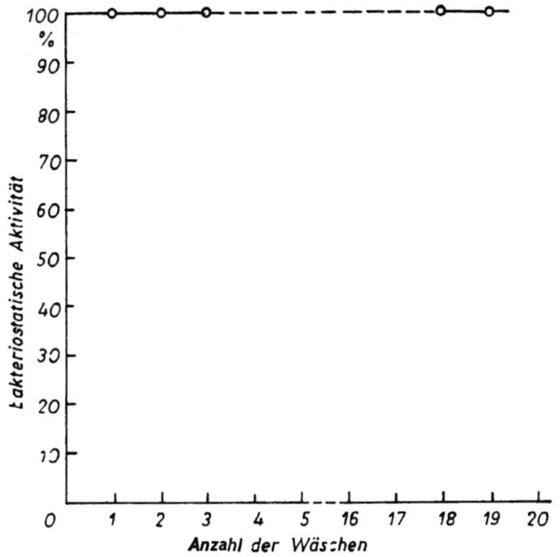

Bild 3. Zusammenhang zwischen bakteriostatischer Aktivität eines mit Kupferpolyacrylat gepfropften Baumwollgewebes und der Anzahl der Waschprozesse

in einem derartigen Material ändert sich nur bei den ersten drei Waschprozessen (Bild 4). Gewebe dieser Art können zu Kitteln und Berufsschutzkleidung für Angehörige entsprechender Berufsgruppen (Medizin, Lebensmittelindustrie), zu Bettwäsche (für Krankenhäuser, Eisenbahnschlafwagen), Bezugsmaterial, Hüllen zur Aufbewahrung sterilisierter Materialien und Instrumente usw. verarbeitet werden.

Auf Grund der bei der Erarbeitung des obengenannten Prozesses erhaltenen Ergebnisse wurde eine technologische Aufgabenstellung zur Projektierung einer industriellen Versuchsstrecke zur kontinuierlichen strahlenchemischen Modifizierung der Eigenschaften textiler Materialien durch Pfropfcopolymerisation in der flüssigen Phase unter Einwirkung beschleunigter Elektronen zusammengestellt.

3. *Partialmodifizierung textiler Flächengebilde durch strahlenchemische Methoden zur Erzielung von Struktur- und Farbmusterungseffekten*

Im allgemeinen beziehen sich die Arbeiten zur strahlenchemischen Modifizierung textiler Materialien auf das Erreichen bestimmter Effekte (z. B. Antistatikverhalten, Antischmutzverhalten, hydrophile Eigenschaften, bakteriostatische Eigenschaften), die homogen über das gesamte Flächengebilde verteilt sind. Durch konsequente Nutzung der spezifischen Möglichkeiten der Strahlentechnik können jedoch zahlreiche weitere Effekte erhalten werden, die sogar zu Prozeßstufeneinsparungen führen können.

Bereits in einer früheren Arbeit [10] konnte gezeigt werden, daß strahlenchemisch initiierte Pfropfungen unter bestimmten Verfahrensbedingungen zu einem Schrumpf des textilen Flächengebildes führen können.

Diese Tatsache kann, gekoppelt mit den Möglichkeiten der strahlenchemischen Initiierung des Pfropfprozesses, zu einer sehr interessanten verfahrenstechnischen Variante zur Herstellung von Textilien mit Sondereigenschaften genutzt werden.

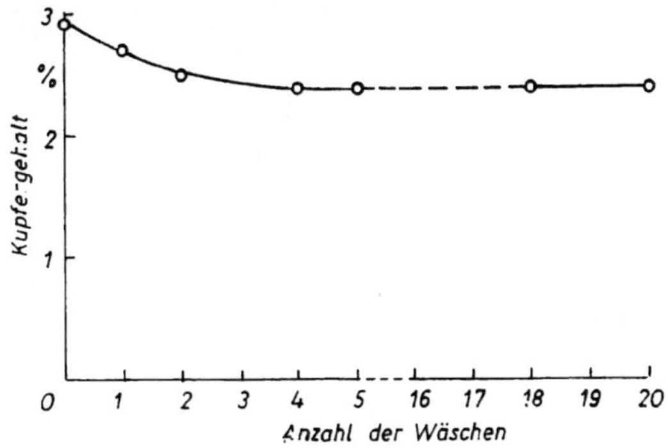

Bild 4. Zusammenhang zwischen Kupfergehalt im modifizierten Gewebe und der Anzahl der Waschprozesse

Man kann Elektronenstrahlen mittels relativ dünner Metallfolien völlig absorbieren. Je nach Elektronenenergie liegt die für die völlige Absorption erforderliche Dicke der Metallfolie in der Größenordnung von 0,1 bis 3 mm. Wird eine mit einem Muster in Form von Durchbrüchen versehene Metallfolie eingesetzt und diese zwischen Strahlenquelle (Elektronenbeschleuniger) und zu bestrahlendem Textilgut angeordnet, so kann das Muster auf dem Textilgut abgebildet werden (Bild 5). Freie Radikale werden demnach nur in denjenigen lokal begrenzten Flächen gebildet, in denen die Strahlung die Metallfolie passieren kann. Bei der anschließenden Kontaktierung mit einer monomeren Substanz wird diese deshalb auch nur lokal aufgepfropft. Werden nun die Pfropfbedingungen so gewählt, daß durch das Pfropfen gleichzeitig ein Schrumpf auftritt, dann ist auch dieser Schrumpf lokalisiert, was zu einer räumlichen Verwerfung (Strukturierung) des Flächengebildes führt. Da gepfropfte Produkte im allgemeinen ein anderes Anfärbeverhalten als das nicht gepfropfte Ausgangsprodukt aufweisen, können zusätzlich zur Strukturierung auch Farbmusterungseffekte erreicht werden. Das Färben kann hierbei entweder mit dem Pfropfprozeß gekoppelt werden, oder es wird nach dem Pfropfprozeß durchgeführt. Grundlegende Untersuchungen zur Radikalbildungs- und -zerfallskinetik durch Anwendung der Elektronenspinresonanz-Spektroskopie (ESR), insbesondere die Untersuchung der Temperaturempfindlichkeit freier Radikale im bestrahlten Gut, eröffneten eine weitere Verfahrensvariante zum Erreichen des oben beschriebenen Effektes. Es hat sich gezeigt, daß durch einen Temperaturschock die freien Radikale „zerstört" werden können, d. h., nach diesem Temperaturschock sind sie nicht mehr in der Lage, eine Pfropfcopolymerisation auszulösen. Es sei erwähnt, daß diese „Entaktivierung der freien Radikale" auch auf andere Weise erfolgen kann.

Wird der Temperaturschock (oder allgemein: die Entaktivierung der freien Radikale) lokal auf das

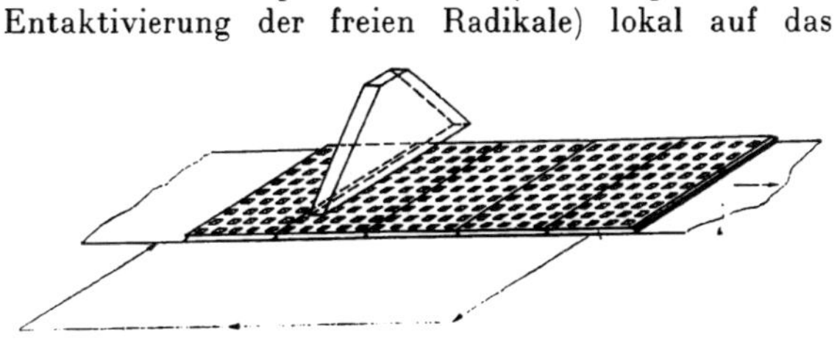

Bild 5. Prinzip der Partialbestrahlung mit Abdeckschablone

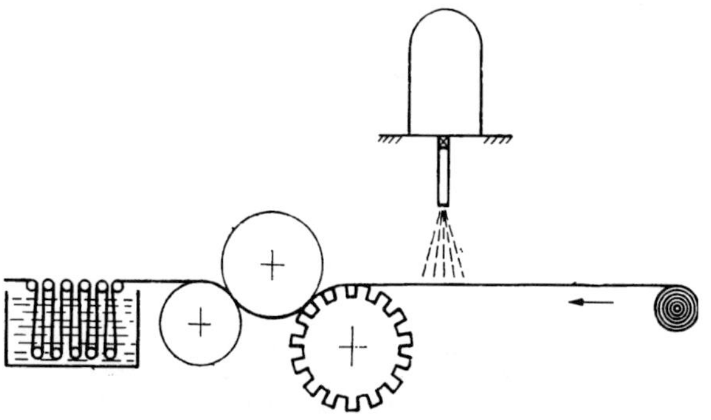

Bild 6. Prinzip der Partialmodifizierung durch partielle thermische Radikalzerstörung

vorher homogen bestrahlte Flächengebilde begrenzt, dann erreicht man prinzipiell den gleichen Effekt, als wenn man die Bestrahlung unter Zuhilfenahme von Abdeckschablonen durchführt: die einen Pfropfprozeß initiierenden freien Radikale sind lokalisiert, wodurch auch die Pfropfung und damit der Schrumpf lokalisiert sind, was zur Strukturierung des Flächengebildes führt.

Ein lokaler Temperaturschock kann mittels einer beheizten, profilierten Metallwalze erreicht werden (Bild 6).

In beiden Fällen wird das Flächengebilde nach der lokalen Radikalbildung (lokale Bestrahlung oder homogene Bestrahlung und lokale Radikalzerstörung) mit einem geeigneten Monomeren kontaktiert, wobei sich der Struktureffekt ausbildet.

Nachfolgend seien einige attraktive Beispiele für die Nutzanwendung dieses Verfahrens z. B. WP 81839, 86161, 86086, 95827 vorgestellt.

Es wurde gefunden, daß der sich ausbildende Struktureffekt nicht allein von der Form der Durchbrüche der Schablone oder von der Oberflächengestaltung der profilierten Heizwalze abhängt, sondern daß auch die Konstruktion des Flächengebildes eine wesentliche Rolle dabei spielt. Im Bild 7 ist dieser Sachverhalt gezeigt. Es handelt sich hierbei um Flachkettengewirke aus Polyamidseide mit unterschiedlichem konstruktivem Aufbau. Bei der Bestrahlung wurde die gleiche Schablone verwendet (kreisförmige Durchbrüche). Es ist deutlich der Einfluß der Gewirkekonstruktion auf den erzielten Struktureffekt ersichtlich.

Im Bild 8 wurden beim gleichen Gewirke unterschiedliche Schablonen verwendet. Man erkennt, daß prinzipiell jeder beliebige Struktureffekt erhalten werden kann.

Mit der Strukturausbildung können, wie bereits erwähnt, auch Farbeneffekte kombiniert werden. Werden die monomere Substanz und der Farbstoff so ausgewählt, daß nur die gepfropften Stellen anfärben, erhält man eine Farbmusterung mit weißem Grund (Bild 9). Färben die gepfropften Bereiche intensiver als das nicht gepfropfte Grundmonomere, können Ton-in-Ton-Färbungen erhalten werden. Schließlich können Farbstoffmischungen beim Färben eingesetzt werden, wobei die eine Farbstoffkomponente das gesamte Flächengebilde und die andere nur den gepfropften Teil anfärbt. Man erhält Zweifarbeneffekte.

Diese Verfahrensvariante, mit der völlig neuartige

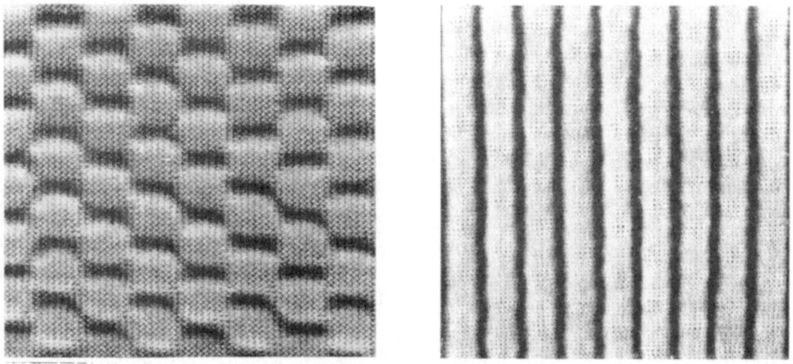

Bild 7. Strukturierte Flachkettengewirke verschiedener Legung, mit gleicher Abdeckschablone bestrahlt
a) schachbrettartige Aufwerfungen b) rippenartige Aufwerfungen

Bild 8. Strukturierte Flachkettengewirke gleicher Legung, mit verschiedenen Abdeckschablonen bestrahlt

Bild 9. Strukturiertes Flachkettengewirke, bei dem nur die gepfropften Stellen (dunkle kreisförmige Flächen) angefärbt sind

Aspekte zur strahlenchemischen Modifizierung textiler Materialien eröffnet wurden, erlaubt es, Prozeßstufen bei der Flächengebildeherstellung wesentlich zu vereinfachen. Man kann von einheitlichen, rationell herstellbaren Flächengebilden ausgehen und diesen praktisch jede beliebige Struktur verleihen. Es sei noch erwähnt, daß die beschriebenen Effekte permanent bzw. durch eine Wasserbehandlung voll reversibel sind, weil beim Pfropfprozeß echte chemische Bindungen ausgebildet werden. Besonders hervorzuheben ist die Tatsache, daß gleichzeitig mit den oben beschriebenen Effekten (Strukturierung, Anfärbung) auch alle anderen auf eine strahlenchemisch initiierte Pfropfung zurückzuführenden Eigenschaften (Hydrophilie, bekleidungsphysiologisches Verhalten) erhalten werden.

4. *Technische und technologische Realisierbarkeit strahlenchemischer Verfahren*

Die Realisierbarkeit strahlenchemischer Verfahren zur Veredlung textiler Materialien im Produktionsmaßstab hängt von einer Reihe von Faktoren ab. Im Vordergrund stehen hierbei in erster Linie ökonomische Aspekte. Nur solche Verfahren werden sich industriell durchsetzen, bei denen entweder durch Prozeßstufeneinsparung oder -vereinfachung a priori die Ökonomie des Verfahrens gegeben ist oder die erreichten Effekte einen kostenmäßigen Mehraufwand rechtfertigen.

Strahlenchemische Verfahren zur Veredlung textiler Materialien ähneln in starkem Maße konventionellen Verfahren, jedoch treten zusätzliche Probleme auf. Der wesentlichste Unterschied zwischen beiden Verfahren besteht in der Notwendigkeit einer geeigneten Bestrahlungsanlage für strahlenchemische Verfahren. Aus Gründen der Ökonomie muß dabei die Forderung nach einer kontinuierlichen Gestaltung des Bestrahlungsprozesses erfüllt werden. Damit werden die möglichen Arten von Strahlenquellen praktisch auf Elektronenbeschleuniger eingeengt. Derartige Bestrahlungsanlagen werden auf dem Weltmarkt bereits in größerem Umfange angeboten, wobei die technischen Parameter (insbesondere Strahlstrom und Elektronenenergie) den praktischen Erfordernissen (Materialgeschwindigkeit, Dicke der zu bestrahlenden Objekte u. dgl.) in idealer Weise angepaßt werden können. Durch lokale Strahlabschirmungen können derartige Elektronenbeschleuniger in vorhandenen Produktionshallen montiert werden, so daß keine zusätzlichen Baumaßnahmen erforderlich sind. Die Probleme, die bei der Bestrahlung auftreten, sind also grundsätzlich lösbar.

Bereits früher [11] wurde festgestellt, daß der Grund für das langsame Wirksamwerden von strahlenchemischen Verfahren in der Industrie in den noch fehlenden technologischen Erfahrungen zu suchen ist. Das bezieht sich sowohl auf den Bestrahlungsprozeß selbst als auch auf den Umgang mit den für die strahlenchemisch initiierte Pfropfcopolymerisation notwendigen monomeren Substanzen (Arbeits-, Gesundheits- und Umweltschutz). Es kann abschließend auf Grund des Standes der Grundlagen- und Applikationsforschung auf diesem noch relativ jungen Arbeitsgebiet eingeschätzt werden, daß die Ergebnisse der Forschung in naher Zukunft produktionswirksam werden.

Schließlich möchten die Autoren allen Mitarbeitern des Instituts für Technologie der Fasern in Dresden, der Akademie der Wissenschaften der DDR und des Zentralen Wissenschaftlichen Forschungsinstitutes der Baumwollindustrie, Moskau, sowie allen Kooperationspartnern, die an der Bearbeitung der vielfältigsten Probleme mitgewirkt haben, herzlich danken.

5. *Literatur*

[1] *Virnik, A. D., Penenzik, M. A., Rogovin, Z. A., Daurova, T. T.*, und *Chodakov, I. G.*: Blutstillender Mull auf der Basis von modifizierter Cellulose. Tekstil. Prom., Moskva (Textil-Ind.) **29** (1969) 3, S. 67.
[2] *Rogovin, Z. A., Virnik, A. D., Penenzik, M. A.*, und *Daurova, T. T.*: SUP B 1019, B 2174, 209 439.
[3] *Walsh, W. K., Rutherford, H. A.*: Delayed cure with ionizing radiation. Textile Res. J. **37** (1967) 2, S. 89—93.
[4] *Walsh, W. K.*, u. a.: USP 3434161 vom 5. 10. 1965.
[5] *Blouin, F. A., Arthur, J. C.*: J. Chem. Engng. Data **5** (1960) S. 470.
[6] *Horio, M.*: Bull. Inst. chem. Res. Kyoto Univ. **41** (1963) S. 17.
[7] *Saunders, F. L., Sovish, R. C.*: Modification of cotton with acrylonitrile by radiation polymerization. J. appl. Polymer Sci. **7** (1963) 1, S. 357—374.
[8] Herstellung eines Pfropfpolymeren durch ionisierte Strahlung. Japan Atomic Energy Research Institute. JAP 70 14556-R vom 9. 12. 64. Int. Kl.: C 08f, 27/00.
[9] *Dracev, B. V., Kon'kov, N. G., Krylov, S., Kugryseva, R. P., Orechov, V. D., Korneeva, V. V., Solov'eva, E. F.*, und *Tetekin, Ju. D.*: Radiacionnaja technika (Strahlentechnik). Ausgabe 8. Moskva: Atomzdat 1972.
[10] *Heger, A.*: Modifizierung von Polyamidfaserstoffen durch strahlenchemisch initiiertes Aufpfropfen von Styrol. Faserforsch. u. Textiltechnik **20** (1969) 1, S. 21 bis 30.
[11] *Heger, A.*: Die Strahlenchemie von Faserstoffen und Textilien in technischer und ökonomischer Sicht. Dt. Textiltechnik **17** (1967) 5, S. 307—318.

Eingegangen am 16. Juli 1973

Drehungszahländerung von Nähfäden beim Verarbeiten

Roland Nestler und Joachim Kautz

Technische Universität Dresden

Bereich Textiltechnik der Sektion Verarbeitungs- und Verfahrenstechnik

DK 677.062.2:677.053:677.017.45

Beim Nähen tritt eine Drehungszahländerung des Oberfadens infolge der Greiferbewegung ein, die mit einem Testnähfaden bei verschiedenen Einflußgrößen — Vor- und Rückwärtsnähen, unterschiedliche Nähgutdicke und Stichlänge — quantitativ nachgewiesen wird.

Изменение числа кручений швейных ниток в процессе шитья

В процессе шитья в результате движения челнока имеет место изменение числа кручений верхней нитки, которое количественно определялось в зависимости от различных параметров, как-то шитье вперед и назад, различная толщина материала, различная длина стежки.

Change of Torsional Number of Sewing-Threads during Processing

During sewing a change of torsional number of the upper thread occures resulting to the interlocking motion which is proved quantitativy with a test sewing thread under different effectivities — sewing forward and backward, different thickness of sewing material and different stich length.

Einleitung

Infolge verschiedener Einflüsse erfahren Nähfäden beim Verarbeiten einen Drehungs- und einen Festigkeitsverlust. *Nestler* und *Falke* [1] haben nachgewiesen, daß je nach Stichart der Industrienähmaschine der Oberfaden bis zu 50% und der Unterfaden bis zu 23% an Festigkeit verlieren können. Diese beachtlichen Festigkeitsverluste sind auf Fadenscheuerung und u. a. auch auf eine Drehungszahländerung der Nähfäden zurückzuführen. Die Festigkeits- und die Dehnungseigenschaften eines Fadens hängen sehr stark von der Drehungszahl[1]) ab. In den grundlegenden Arbeiten von *E. Müller* [2, 3] wird diese Abhängigkeit durch die Drehungskurve (*Ernst/Müller*sche Drehungskurve) veranschaulicht.

Mit den hier beschriebenen Untersuchungen wird versucht, die Drehungszahländerung des Nähfadens beim Verarbeiten quantitativ nachzuweisen. Infolge erhöhter Reibung des Oberfadens an einigen Führungselementen treten mitunter kurzzeitig ein Drehungsstau und eine Drehungszahlverminderung auf. Diese Art der Drehungszahländerung, die sich ebenfalls sehr nachteilig auf die Nähfadeneigenschaften auswirkt, kann nicht exakt erfaßt werden.

1. Nachweis der Drehungszahländerung des Oberfadens infolge der Greiferbewegung anhand eines Modells

Um die Drehungszahländerung des Oberfadens infolge der Greiferbewegung sichtbar zu machen, wird anstelle eines Nähfadens mit nahezu rundem Querschnitt ein modifizierter Faden mit rechteckigem Querschnitt (bändchenförmiger Faden) verwendet. Es handelt sich dabei um eine Bandlitze von 2,5 mm Breite, die einseitig schwarz angefärbt ist.

Für die Bandlitze mußten u. a. folgende Veränderungen beim Fadenabzug und bei den Fadenführungselementen an der eingesetzten Versuchsnähmaschine (Industrie-Doppelsteppstich-Schnellnähmaschine der Klasse 8332/001) vorgenommen werden:

Um eine Drehungszahländerung infolge Überkopfabziehens zu vermeiden, wird die Bandlitze von der Spule tangential abgezogen. Zwischen den Bremstellern der Fadenbremse wird zum einwandfreien Führen der Bandlitze ein Gleitzylinder eingesetzt. Anstelle der üblichen Nähmaschinennadel wird eine zur Aufnahme der Bandlitze geeignete, mit rechteckigem Querschnitt versehene Nadel eingesetzt. Der Doppelumlaufgreifer mußte wegen der Dicke der Bandlitze abgeändert werden; prinzipiell erfüllt er aber die Aufgaben des normalen Doppelumlaufgreifers. Bei der Modelldarstellung wird ohne Unterfaden gearbeitet. Der Unterfaden übt auf die Drehungszahländerung des Oberfadens keinen Einfluß aus.

1.1. Darstellung der Drehungszahländerung am Modell

Nachstehend wird anhand des Modells die Drehungszahländerung des Oberfadens infolge der Greiferbewegung bei der Stichbildung dargestellt.

Die Ausgangsstellung des Versuches (Bild 1) zeigt die unverdrehte Bandlitze, die anstelle des Oberfadens verwendet wird. Der Pfeil weist auf die Stelle, an der die Drehungszahländerung verfolgt werden soll. Die Nadel bewegt sich abwärts, und Schlingenbildung und -aufnahme werden eingeleitet.

Dann führt die Nadel die Bandlitze unter die Stichplatte. Während sich die Nadel aus der tiefsten Stellung wieder aufwärts bis über die Stichplatte bewegt, wird das auf der Stichplatte befindliche Bandlitzenende festgehalten, so daß sich die Bandlitze bei der tiefsten Nadelstellung um 90° an der Lochkante der Stichplatte legt. Die Greiferspitze erfaßt die beim Nadelhochgang entstehende Schlinge und dreht sich mit ihr um 90° (Bild 2). Mit diesem Drehen des Greifers wird der Beginn der Drehungszahländerung sichtbar.

Die Nadel bewegt sich weiter aufwärts. Der Greifer hat etwa eine halbe Umdrehung ausgeführt und dreht sich in gleicher Richtung weiter. Der Teil der Bandlitze, der sich zwischen Greiferspitze und Nadel befindet, hat die in Bild 3 sichtbare Drehungszahländerung erhalten.

Die Nadel bewegt sich weiter aufwärts; die Greiferspitze hat eine Drehwinkelstellung von etwa 270° erreicht (Bild 4). Das Abgleiten der Schlinge wird eingeleitet. Die Verdrehung der Bandlitze ist jetzt deutlich sichtbar.

[1]) Unter der Drehungszahl T in Dr/m wird gemäß TGL 0-60900 die auf 1 m Fadenlänge bezogene Anzahl der Drehungen verstanden.

Bild 1. Beginn von Schlingenbildung

Bild 3. Ausweiten der Schlinge

Bild 2. Die Greiferspitze hat die Schlinge erfaßt und sich um 90° gedreht; der Beginn einer Drehungsänderung der Bandlitze wird sichtbar

Bild 4. Beginn des Schlingenabwurfs

Bild 5. Beendigung des Schlingenabwurfs und des Ausziehens der Schlinge

In Bild 5 hat die Nadel ihre höchste Stellung wieder erreicht und beginnt ihre Abwärtsbewegung. Die Greiferspitze hat sich um mehr als 360° gedreht und setzt ihre Bewegung fort. Die Bandlitzenschlinge ist von der Greiferspitze inzwischen abgeworfen worden. Da bei der Modelldarstellung kein Unterfaden verwendet wird, ist damit der Vorgang abgeschlossen. An der auf der Stichplatte liegenden Bandlitze ist die Verdrehung zu sehen.

1.2. Ergebnisse der Modelldarstellung

Als Ergebnis der Modelldarstellung kann festgestellt werden, daß sich bei einem Stichbildungsablauf die Bandlitze um etwa 90° verdreht, das heißt, beim normalen Nähvorgang wird der Oberfaden eine Drehungsänderung von etwa 1/4 Windung infolge der Greiferbewegung erfahren.

Die Drehung der Bandlitze, die sich im Bild 5 vor dem Nadelöhr befindet, würde sich beim Nähen teilweise entlang der Bandlitze bis zum Fadenhebelöhr verschieben, weil die Bandlitze im Gegensatz zum Nähfaden weniger leicht durch das Nadelöhr hindurchgleitet. Beim Bilden eines Stiches (Drehung der Hauptwelle um 360°) kann also nur ein Teil der zusätzlich aufgebrachten Drehungen des Oberfadens auf der für einen Stich verbrauchten Oberfadenlänge fixiert werden. Je nach Drehungsrichtung (S- oder Z-Drehung) des Oberfadens und eingestellter Nährichtung (Vor- oder Rückwärtsnähen) kann sich die Drehungszahl des Oberfadens entweder vermehren oder verringern.

Unter der Voraussetzung, daß sich der Greifer entgegengesetzt dem Uhrzeigersinn dreht und vorwärts genäht wird (Nährichtung weg von der Bedienungsperson), erhält der Oberfaden zusätzliche Drehungen in S-Richtung und beim Rückwärtsnähen (Nährichtung hin zur Bedienungsperson) zusätzliche Drehungen in Z-Richtung. In der Modelldarstellung (Bild 5) handelt es sich um den zuerst genannten Fall. Unter diesen Bedingungen wird beim Vorwärtsnähen ein Oberfaden mit S-Drehung unter dem Einfluß der Greiferbewegung zugedreht und ein solcher mit Z-Drehung aufgedreht.

2. Nachweis der Drehungszahländerung mit Hilfe eines Testnähfadens

2.1. Versuchsmaterial

Untersuchte handelsübliche Nähfäden weisen eine große Drehungsungleichmäßigkeit auf, so daß mit solchen Nähfäden Drehungszahländerungen beim Nähen quantitativ nicht nachgewiesen werden können. Um gesicherte Aussagen machen zu können, wurde für die vorliegenden Untersuchungen ein Testnähfaden als Oberfaden hergestellt. Es handelt sich dabei um einen zweifarbigen Baumwoll-Nähfaden der Soll-Feinheit 12 tex × 3 mit Z-Drehung, der aus zwei gebleichten und optisch aufgehellten Fäden sowie einem hellgrau eingefärbten Faden besteht. Die resultierende Ist-Feinheit des Nähfadens beträgt 35,9 tex. Infolge der Zweifarbigkeit ist es möglich, das visuelle Auszählen der Drehungen sehr genau vorzunehmen. Als Unterfaden diente ein üblicher gelber Baumwoll-Nähfaden der Soll-Feinheit 12 tex × 3.

2.2. Versuchsaufbau und -durchführung

Als Versuchsmaschine diente eine Industrie-Doppelsteppstich-Nähmaschine der Klasse 8332/401, die im Vergleich zur Klasse 8332/001 zusätzlich mit Nadeltransport arbeitet. Bei den Untersuchungen wurden Stichlänge, Nähgutdicke (Lagenanzahl) und Nährichtung (Vor- und Rückwärtsnähen) variiert.

Um die Drehungszahländerung des als Oberfaden eingesetzten Testnähfadens infolge des Nähens feststellen zu können, mußte der Testfaden vor und nach dem Nähen hinsichtlich seiner Drehungszahl untersucht werden. Da die Vermutung naheliegt, daß sich die Drehungen während des Nähens nicht gleichmäßig auf die Nähfadenlänge verteilen, wurden auf einer Nähfadenlänge von 500 mm (Bezugsfadenlänge) zehn gleiche Abschnitte von je 50 mm Länge markiert. Beim Verarbeiten der Bezugsfadenlänge sind u. a. folgende Bedingungen zu beachten: Das Abziehen des Testnähfadens von der Spule muß tangential erfolgen. Die zu prüfende Testfadenlänge (Bezugsfadenlänge) beginnt nach Abziehen von etwa 1 m, das für das Einfädeln (Fadenteillänge von der Spule bis zum Nadelöhr) erforderlich ist. Das Fadenende muß festgeklemmt werden, um ein unbeabsichtigtes Aufdrehen zu verhindern. Beim Auszählen der Drehungen wird die Bezugsfadenlänge unter Vorspannkraft gehalten. Das Freilegen der nach dem Nähen zu prüfenden Bezugsfadenlänge erfolgt durch vorsichtiges Entfernen des Unterfadens; die Enden des Oberfadens werden mit einem Klebestreifen am Nähgut befestigt. Die zum Ermitteln der Drehungszahländerung mit Hilfe eines Testzwirnes durchgeführten Versuche sind in Tabelle 1 zusammengefaßt.

2.3. Versuchsergebnisse und -auswertung

Tabelle 2 enthält die ermittelten Drehungszahlen vor dem Nähen T_v und nach dem Nähen T_n sowie die aus der Differenz der beiden Werte errechneten Drehungszahländerungen. Die Mittelwerte von T_v und T_n

Tabelle 1. Versuchsplan

Versuchsnummer	Stichlänge	Stofflagenanzahl	Nährichtung
1	2	2	vorwärts
2	4	2	vorwärts
3	2	6	vorwärts
4	4	6	vorwärts
5	2	2	rückwärts
6	4	6	rückwärts
7	2	6	rückwärts
8	4	6	rückwärts

Tabelle 2. Drehungszahlen eines Nähfadens vor und nach dem Nähen sowie die berechneten Drehungszahländerungen

Versuchsnummer	Drehungszahl Dr/m T_v vor dem Nähen	Drehungszahl Dr/m T_n nach dem Nähen	Drehungszahländerung ΔT Dr/m
1	735	699	− 36
2	726	695	− 31
3	744	711	− 33
4	711	685	− 26
5	699	864	+165
6	695	848	+153
7	683	795	+112
8	717	788	+ 71

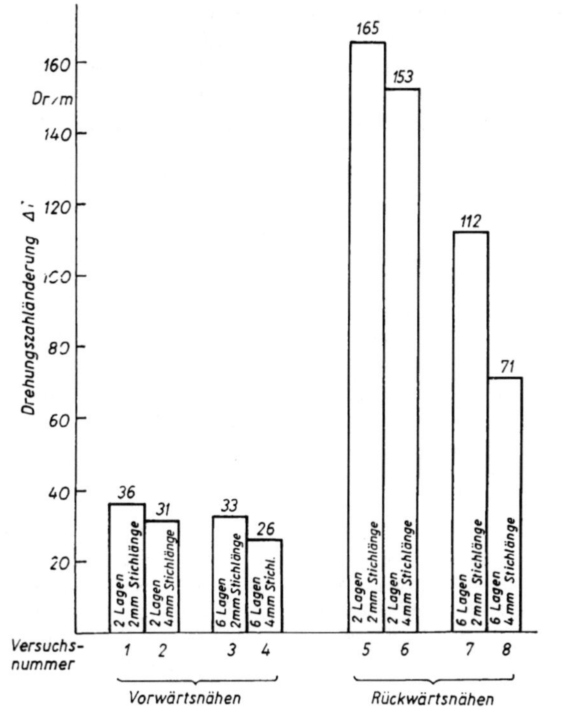

Bild 6. Drehungszahländerung beim Vorwärts- und beim Rückwärtsnähen bei unterschiedlicher Stichlänge und Lagenanzahl

setzen sich aus jeweils zwei Einzelwerten zusammen. Bild 6 zeigt die Drehungszahländerung bei Vor- und bei Rückwärtsnähen unter Berücksichtigung unterschiedlicher Stichlänge und Lagenanzahl gemäß Versuchsplan (Tabelle 1).

Die an 50 mm langen, aufeinanderfolgenden Nähfadenabschnitten festgestellten Drehungszahländerungen sind in Tabelle 3 zusammengefaßt. In Bild 7 sind die Kurvenverläufe der Drehungszahländerungen beim Vorwärtsnähen dargestellt.

Aus dem Säulendiagramm (Bild 6) können für den verwendeten Testfaden folgende allgemeine Tendenzen abgeleitet werden: Beim Vorwärtsnähen ist die absolute Drehungszahländerung bei den vergleichbaren Versuchen wesentlich geringer als beim Rückwärtsnähen. Wie bereits im Abschnitt 1.2 erwähnt, dreht sich der mit Z-Drehung hergestellte Testfaden beim Vorwärtsnähen auf, so daß $T_n < T_v$ wird. Beim Rückwärtsnähen erhält der Testfaden zusätzliche Drehungen, so daß $T_n > T_v$ wird (Tabelle 2). Ferner ist festzustellen, daß sowohl beim Vorwärts- als auch beim Rückwärtsnähen die absolute Drehungszahländerung mit zunehmender Lagenanzahl und mit Vergrößerung der

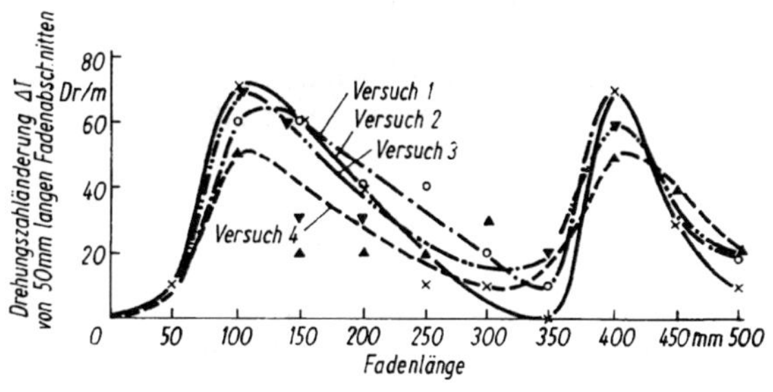

Bild 7. Drehungszahländerung von 50 mm langen, aufeinanderfolgenden Fadenabschnitten beim Vorwärtsnähen

Tabelle 3. Änderung der Drehungszahl von 50 mm langen, aufeinanderfolgenden Nähfadenabschnitten beim Vorwärts- und beim Rückwärtsnähen

Versuchsnummer	Nährichtung	Änderung der Drehungszahl in Dr/m von 50 mm langen Fadenabschnitten 1.	2.	3.	4.	5.	6.	7.	8.	9.	10.
1	vorwärts	10	60	60	40	40	20	10	70	30	20
2		10	70	60	40	10	10	0	70	30	10
3		10	70	30	30	40	30	20	60	30	20
4		10	50	20	20	20	30	0	50	40	20
5	rückwärts	210	130	120	130	130	220	220	160	160	170
6		290	130	190	90	30	100	160	300	30	210
7		120	140	130	90	80	110	140	150	90	70
8		120	140	60	70	90	40	80	10	30	70

Stichlänge abnimmt. Dieses Verhalten ist wahrscheinlich auf die Fadendurchgangszahl zurückzuführen. *Nestler* und *Falke* [1] konnten nämlich nachweisen, daß mit größer werdender Nähgutdicke und vergrößerter Stichlänge die Anzahl der Fadendurchgänge abnimmt. Beim Durchgang des Fadens durch das Nadelöhr kommt es infolge der Relativbewegung zwischen Nadel und Oberfaden zu einem Verschieben der Drehungen des Oberfadens. Verringert sich die Anzahl der Fadendurchgänge eines bestimmten Fadenabschnittes infolge höherer Lagenanzahl oder größerer Stichlänge, so werden auch die Drehungen im Oberfaden weniger stark verschoben. Die Drehungsverschiebungen entstehen nicht kontinuierlich, sondern es bildet sich ein Drehungsstau, der sich periodisch durch das Nadelöhr bewegt. In Bild 7 sind die ermittelten Drehungszahländerungen von 50-mm-Abschnitten eines 500 mm langen Fadens beim Vorwärtsnähen dargestellt. Auf der Fadenlänge von 500 mm sind zwei Kurvenmaxima zu verzeichnen. Zwischen 0 und 100 mm sowie zwischen 350 mm und 400 mm Fadenlänge geht der Drehungsstau durch das Nadelöhr hindurch und wird im Stich fixiert. Ähnliche Verhältnisse sind auch beim Rückwärtsnähen festzustellen. Hier tritt der Drehungsstau vor allem in den Fadenabschnitten zwischen 0 und 100 mm und zwischen 300 und 400 mm auf.

Die Unterschiede der Absolutwerte der Drehungszahländerung beim Vorwärts- und beim Rückwärtsnähen sind wie folgt zu erklären: Beim Vorwärtsnähen kommt es auf Grund der Greiferbewegung zu einer Drehungsänderung in S-Richtung; der verwendete Testnähfaden mit Z-Drehung wird somit aufgedreht. Nach dem Nähen werden demzufolge bei den Versuchen 1 bis 4 weniger Drehungen ausgezählt als vor dem Nähen (Tabelle 2). Ferner kann nachgewiesen werden, daß die vom Nadelöhr bzw. von den Fadenführungselementen hervorgerufenen Drehungsverschiebungen einen geringeren Anteil an der Gesamtdrehungszahländerung haben als die Drehungszahländerungen infolge der Greiferbewegung. Dieser Sachverhalt läßt sich formelmäßig wie folgt ausdrücken:

$$\Delta T_{\text{ges}} = \Delta T_G + \Delta T_V ,$$

ΔT_{ges} Gesamtdrehungszahländerung,
ΔT_G Drehungszahländerung, vom Greifer verursacht,
ΔT_V Drehungszahländerung infolge Drehungsverschiebung.

Setzt man für das Aufdrehen des Z-gedrehten Oberfadens ein negatives und für das Vergrößern der Oberfadendrehungszahl (Zudrehen des Zwirnes) ein positives Vorzeichen, so kann die Richtung der Drehungszahländerung beim Vorwärtsnähen im vorliegenden Falle (die Versuche ergaben $\Delta T_G > \Delta T_V$) wie folgt definiert werden:

$$(-\Delta T_G) + (-\Delta T_V) = (-\Delta T_{\text{ges}}) .$$

Analog dazu gilt für das Rückwärtsnähen mit Z-gedrehtem Oberfaden

$$(+\Delta T_G) + (+\Delta T_V) = (+\Delta T_{\text{ges}}) .$$

Diese Gleichung bestätigt die Beziehung $T_n > T_v$ (Tabelle 2). Hinsichtlich der verhältnismäßig hohen Werte der Drehungszahländerung beim Rückwärtsnähen muß angenommen werden, daß der Greifer zwar die Drehungszahländerung vergrößert, die Drehungszahlverschiebung jedoch verringert. Der Greifer verursacht beim Rückwärtsnähen eine größere Drehungszahländerung als beim Vorwärtsnähen, was darauf zurückzuführen ist, daß beim Rückwärtsnähen das Zudrehen des Oberfadens die Möglichkeit einer Drehungsverschiebung in dessen Arbeitsbereich einschränkt. Die Nadelkante staut die Drehungen, und es wird im Stich ein größerer Anteil der Drehungszahländerungen fixiert als beim Vorwärtsnähen.

Unter Beachtung von Drehungszahl und -richtung des Testnähfadens ist festzustellen, daß die Drehungszahländerungen infolge des Nähens beträchtlich sind, und zwar besonders beim Rückwärtsnähen. Diese Drehungszahländerungen wirken sich auf die Festigkeits- und Dehnungseigenschaften des Nähfadens aus. Das Verschieben der Drehungen längs des Fadens verursacht einen Drehungsstau, der zu Fadenbrüchen führen kann. Es ist zu empfehlen, die Drehungsrichtung des Oberfadens so zu wählen, daß er sich beim Vorwärtsnähen nicht aufdrehen kann. Werden in Sonderfällen Nähmaschinen nur auf Rückwärtsnähen eingestellt, dann sind die Drehungsverhältnisse des Oberfadens besonders zu beachten.

3. *Zusammenfassung*

Anhand einer Modelldarstellung wird eine Drehungszahländerung des Oberfadens infolge der Greiferbewegung nachgewiesen. Hierfür wird eine Bandlitze mit rechteckigem Querschnitt eingesetzt, an der das Verdrehen sehr gut zu erkennen ist. Zum quantitativen Bestimmen der Drehungszahländerung des Oberfadens dient ein zweifarbiger Testnähfaden. Die Untersuchungen werden beim Vor- und beim Rückwärtsnähen sowie bei unterschiedlicher Nähgutdicke und Stichlänge durchgeführt. Die Drehungszahländerungen des Testnähfadens beim Nähen unter Berücksichtigung verschiedener Einflußgrößen werden gezeigt, und es wird nachgewiesen, daß beachtliche Drehungszahländerungen auftreten, die sich auf die Nähfadeneigenschaften und auf den Nähablauf auswirken.

4. *Literatur*

[1] *Nestler, R.*, und *Falke, H.*: Die Veränderung der Festigkeitseigenschaften von Nähfäden beim Nähen auf Industrie-Nähmaschinen. Faserforsch. u. Textiltechnik **20** (1969) 12, S. 587—593.
[2] *Müller, E.*: Über die Festigkeitseigenschaften fadenförmiger Fasergebilde in ihrer Abhängigkeit von dem Drahte derselben. Civilingenieur (1880) S. 137.
[3] *Müller, E.*: Über das Gesetz der Verkürzungen beim Zwirnen der Gespinste. Civilingenieur (1883) S. 369; Textile Forschung **2** (1920) S. 115.

Eingegangen am 10. Juli 1973

Zur diskontinuierlichen Röntgenkleinwinkelstreuung an Polymeren mit axialer oder uniplanar-axialer Textur

Teil I. Theorie

Bernd J. Jungnickel, Michael Teichgräber und Christian Ruscher

Institut für Polymerenchemie der Akademie der Wissenschaften der DDR in Teltow-Seehof, Abt. Physik

DK 678.7:539.21:539.22:539.26:548.231.2

Die Röntgenkleinwinkelstreuung von synthetischen Polymeren wird wesentlich von der räumlichen Anordnung der streuenden Bereiche bestimmt. Auf der Grundlage der Theorie des Parakristalls nach *Hosemann* wird die Streufunktion für Präparate mit axialer Textur unter besonderer Berücksichtigung von fibrillaren und lamellaren Strukturen als Grenzfälle berechnet. Diese Rechnungen gestatten eine befriedigende Deutung der beobachbaren Streudiagramme sowie die quantitative Bestimmung wichtiger Strukturparameter. Die Überlegungen lassen sich auf Strukturen mit uniplanar-axialer Textur übertragen.

О прерывном рассеянии рентгеновских лучей под малым углом полимерами с аксиальной или унипланарно-аксиальной текстурой

Часть I. Теория

Рассеяние рентгеновских лучей под малым углом синтетическими полимерами в значительной степени определяется пространственным расположением рассеивающих областей. На основе теории паракристаллов Готеманна рассчитана соответствующая функция для аксиальной текстуры с особым учетом фибриллярных и ламеллярных структур как предельных случаев. Такие рассчеты позволяют провести удовлетворительную интерпретацию диаграмм рассеяния и количественное определение важных параметров структуры. Аналогичный подход возможен и для структур с унипланарно-аксиальной текстурой.

The Discontinuous Small-angle X-ray Scattering in Polymers Having Axial and Uniplanar-axial Texture. Part I. Theory

The small angle x-ray scattering of synthetic polymers is essentially affected by the spatial arrangement of the scattering regions. Based on the paracrystal theory developed by *Hosemann* the scattering function has been calculated for scattering plots obtained of samples having axial texture with fibrillar and lamellar structures as limiting cases. The results allow the satisfying interpretation of scattering diagrams and the quantitative determination of structure parameters. The theory allows to be extended to polymers with uniplanar-axial texture.

1. *Einleitung*

Polymere mit Vorzugsorientierung weisen im allgemeinen einen diskontinuierlichen Verlauf der Röntgenkleinwinkelstreuung auf [1] (Bild 1). Dabei werden Form und Lage der Kleinwinkelreflexe vor allem durch die übermolekulare Ordnung im Polymeren bestimmt. Eine vollständige und quantitative Analyse der Reflexe zur Bestimmung strukturbezogener Größen ist wünschenswert, stößt jedoch meist auf große Schwierigkeiten.

In der Literatur ist für die Analyse der Streukurve längs des Meridians eine Reihe von Verfahren bekannt geworden [3 bis 8]. Die Streukurve wird dabei überwiegend mit der Struktur längs einer entsprechenden Durchstoßgeraden durch das Präparat, der „Längsstruktur", in Beziehung gesetzt. Andere Strukturmerkmale, die „Querstruktur" betreffend, sind jedoch für den Typ des Streubildes erfahrungsgemäß ebenfalls maßgebend und bei der Analyse der Meridianstreukurve häufig nicht vernachlässigbar [9]. Die bisher veröffentlichten Verfahren, die die Querstruktur streutheoretisch erfassen, sind auf Grund ihrer Voraussetzungen auf Strukturen mit uniplanar-axialer Textur²), d. h. doppelt-orientierte Proben, beschränkt [2] oder erfassen nur einen kleinen Teil der bei der diskontinuierlichen Kleinwinkelstreuung (dKWS) beobachtbaren Streubildformen [10, 11].

In der vorliegenden Arbeit wird die Streufunktion der Querstruktur eines Strukturmodells berechnet, das den bei Polymeren mit Texturachse vorliegenden Ordnungszuständen Rechnung trägt. Eine ähnliche Problemstellung ist kürzlich von *Wilke* und *Weick* [11] behandelt worden. Die dort angegebene Lösung ist jedoch auf die Interpretation von Schichtliniendiagrammen beschränkt und für die quantitative Analyse von dKWS-Bildern — im Gegensatz zu der von uns nachfolgend vorgeschlagenen Lösung — ungeeignet. Die in diesem Zusammenhang durchgeführten Berechnungen erlauben es, die für axiale wie auch uniplanar-axiale Texturen beobachtbaren Streubilder befriedigend zu deuten. Die Voraussetzungen für die Rechnungen sind ferner so gewählt worden, daß eine einfache Korrektur der Meridianstreukurve vom Querstruktureinfluß möglich ist.

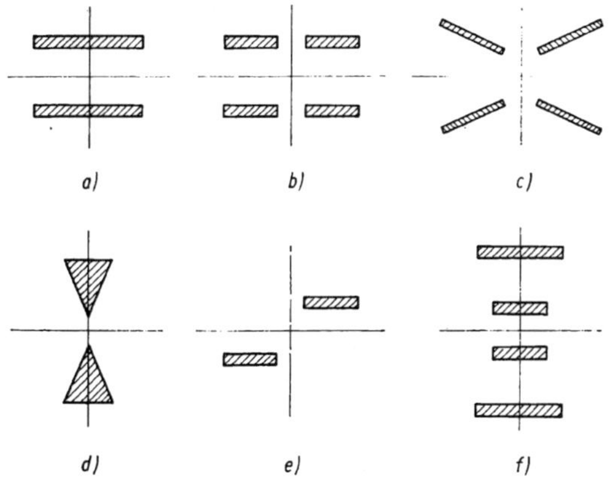

Bild 1. dKWS-Bilder von Polymeren mit wenigstens einer Texturachse (schematisch)

a) Schichtliniendiagramm
b) Vier-Punkt-Diagramm
c) Vier-Punkt-Diagramm mit geneigten Reflexen bei uniplanar-axialer Textur
d) Zwei-Punkt-Diagramm bei uniplanar-axialer Textur
e) Verzerrtes Schichtliniendiagramm bei Schertextur
f) Schichtliniendiagramm mit mehreren Reflexordnungen

¹) Auszug aus der Dissertation *Bernd Jungnickel* [21]

²) Klassifikation der Texturen nach *Heffelfinger* und *Burton* [18]

2. Strukturmodell

Die in Meridianrichtung auftretenden diskreten Reflexe deuten darauf hin, daß in der Struktur längs einer Vorzugsachse zwei Phasen unterschiedlicher Elektronendichte miteinander abwechseln. Diese lassen sich mit ungeordneten („amorphen") und geordneten („kristallinen") Bereichen identifizieren und können ein Mikrofibrillarsystem aufbauen (Bild 2a, b). Elektronenmikroskopische Aufnahmen zeigen weiterhin, daß sich die geordneten Bereiche in der Regel seitlich so aneinander lagern, daß ausgedehnte Kristallamellen entstehen (Bild 2c). Die Lamellen ihrerseits können Makrofibrillen aufbauen, wobei aus sterischen und thermodynamischen Gründen ein Teil der Makromolekülketten an der Lamellenoberfläche zurückgefaltet sein kann. Im folgenden soll jedoch unter Fibrille stets eine Mikrofibrille verstanden werden.

Die Lamellen sind nach *Peterlin* [16] aus Mosaikblöcken („Kristalliten", Bild 2c) aufgebaut, die sich bei makroskopischer Deformation, bei thermischer Beeinflussung und bei Relaxation als selbständige morphologische Einheiten bemerkbar machen und zur Ausbildung der isolierten Fibrillen führen können. Dabei können Domänen mit systematischer seitlicher Schrägversetzung der Kristallite entstehen, wie sie elektronenmikroskopisch als gegenüber der Texturachse geneigte Lamellensysteme beobachtet [12] und theoretisch von *Bonart* [9] als verzerrte Schichtgitter eingeführt worden sind.

Die Mosaikblockgrenzen fallen bevorzugt mit Störstellen in der Lamellenoberfläche und damit anschaulich mit den Stellen großer Schichtkrümmung zusammen. Die streuenden Bereiche können dabei durch Risse, Hohlräume, Versetzungen o. ä. begrenzt werden. Diese Anordnung der Kristallite läßt sich als parakristallines Übergitter auffassen, das mit der Theorie des Parakristalls nach *Hosemann* [13] beschrieben wird.

Im polymeren Festkörper unterscheidet man zweckmäßig zwischen der sogenannten „Längs-" und der „Querstruktur". Während die erstere im wesentlichen mit der Struktur der isolierten Fibrillen verknüpft ist, spiegelt letztere die Aggregation dieser Fibrillen und damit den lamellaren Charakter der Struktur wider. Fibrillen- und Lamellenstruktur sind theoretische Grenzfälle der im Polymeren tatsächlich realisierten Ordnung. Zum besseren Verständnis dieses Sachverhaltes geht man zweckmäßigerweise von den Lagekorrelationen zwischen benachbarten Kristalliten aus:

Ist die Lage übereinanderliegender Kristallite stärker korreliert als die seitlich benachbarter, d. h. sind die relativen parakristallinen Störungen der Querstruktur größer als die der Längsstruktur, so ist die Probe *fibrillar* geordnet. Überwiegen dagegen die relativen parakristallinen Störungen der Längsstruktur, so ist die Struktur *lamellar*.

3. Streufunktion

3.1. Allgemeine Voraussetzungen

Für die Streufunktion eines Strukturmodells, das nach Abschnitt 2 den Einfluß der Querstruktur berücksichtigt, gelte der folgende Ansatz [3, 21]:

$$I(\mathbf{s}) = |\bar{f}|^2 \cdot w(\mathbf{s})\,; \qquad (1)$$

$I(\mathbf{s})$ Streufunktion,
$\mathbf{s}$ Streuvektor mit den Komponenten s_r, s_z (s_r äquatoriale, s_z meridionale Koordinate in der Beobachtungsebene),
$|\bar{f}|^2$ Bausteinfaktor der Gitterbausteine (der Kristallite),
$w(\mathbf{s})$ analytischer Teil des Gitterfaktors [13].

Der Fluktuationsterm $\overline{|f|^2} - |\bar{f}|^2$ wurde in Gleichung (1) vernachlässigt, da dieser in dem interessierenden Streubereich nur eine winkelunabhängige Untergrundstreuung liefert [14]. Desgleichen ist der Einfluß der Größe der kohärent streuenden Bereiche unter den üblichen experimentellen Bedingungen nicht auflösbar und kann ebenfalls vernachlässigt werden.

Trägt man den Logarithmus der Streuintensität gegen $\mathbf{s}^2$ auf („*Guinier*-Auftragung"), so erhält man in äquatorialer wie auch in meridionaler Richtung Geraden. Das bedeutet, daß die Streukurve als multiplikative Komponente einen *Gauß*-Term enthält. Dieser

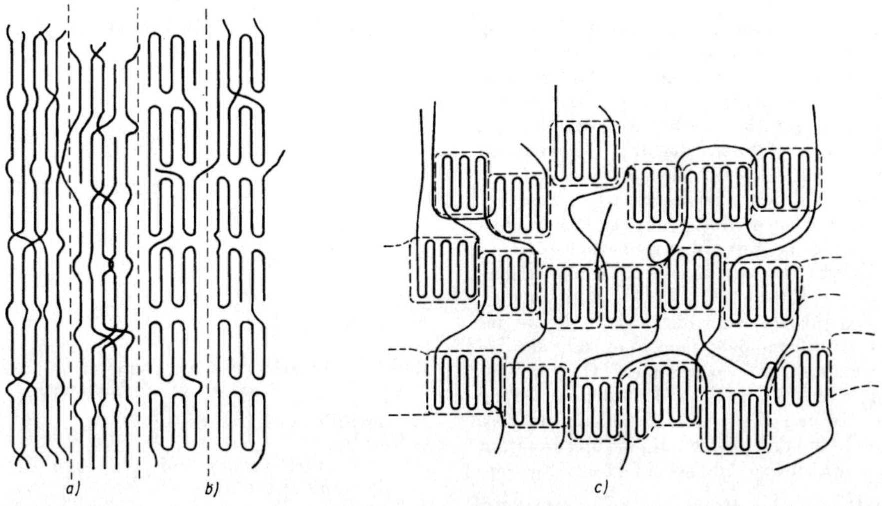

Bild 2. Strukturmodelle
a) Fibrillenmodell nach *Heß/Kießig* b) Fibrillenmodell mit Kettenrückfaltungen c) Lamellenmodell nach *Peterlin*

läßt sich dem Bausteinfaktor zuordnen, da beliebige Strukturen in erster Näherung nach einer *Gauß*kurve streuen [13]:

$$|f(s)|^2 \approx \exp\{-2\pi^2[R_M(\boldsymbol{x})]^2(\boldsymbol{s})^2\}, \quad (2)$$

$R_M(\boldsymbol{x})$ Streumassenradius in Richtung **x** innerhalb eines Teilchens.

Für den Sonderfall zylindrischer Kristallite folgt aus Gleichung (2):

$$|\bar{f}|^2 \approx \exp\left(-\frac{\pi^2}{4}B^2 s_r^2 - \frac{\pi^2}{3}H^2 s_z^2\right), \quad (3)$$

$$|\bar{f}|^2 \approx |\bar{f}_q|^2 \cdot |\bar{f}_l|^2; \quad (4)$$

B Durchmesser der Kristallite,
H Höhe der Kristallite,
$|\bar{f}_q|^2, |\bar{f}_l|^2$ Beiträge von Quer- und Längsstruktur zum Bausteinfaktor.

3.2. *Gitterfaktor*

Die Elementarzelle des parakristallinen Übergitters werde durch die drei Zellkantenvektoren $\boldsymbol{a}_j$ ($j = 1, 2, 3$) aufgespannt. Es sei $H_j(\boldsymbol{x})\,dv_x$ die Wahrscheinlichkeit dafür, daß der Zellkantenvektor $\boldsymbol{a}$ den Wert $\boldsymbol{x}$ hat. $\overline{\boldsymbol{a}_j}$ sei der Mittelwert von $\boldsymbol{a}_j$. Dann gilt, wenn H eine symmetrische Funktion ist [13]:

$$w(\boldsymbol{s}) = \prod_{j=1}^{3} \frac{1 - |F_j|^2}{1 + |F_j|^2 - 2|F_j|\cos\chi_j} = \prod_{j=1}^{3} Z_j \quad (5)$$

$F_j(\boldsymbol{s})$ ist die *Fourier*transformierte von $H_j(\boldsymbol{x})$:

$$F_j(\boldsymbol{s}) = |F_j|e^{i\chi_j}, \quad (6)$$

$$\chi_j = 2\pi\overline{\boldsymbol{a}_j}\boldsymbol{s}. \quad (7)$$

Für $H_j(\boldsymbol{x})$ ($j = 1, 2$) wird näherungsweise eine *Gauß*verteilung angenommen:

$$H_j(\boldsymbol{x}) = \frac{1}{(2\pi)^{3/2}(\Delta_x a_j)(\Delta_y a_j)(\Delta_z a_j)} \exp\left\{-\frac{1}{2}\left[\frac{(x-x_j)^2}{(\Delta_x a_j)^2} + \frac{(y-y_j)^2}{(\Delta_y a_j)^2} + \frac{(z-z_j)^2}{(\Delta_z a_j)^2}\right]\right\} \quad (8)$$

mit $\overline{\boldsymbol{a}_j} = (x_j, y_j, z_j)$ und $\boldsymbol{x} = (x, y, z)$.

Zur Berechnung der *Fourier*transformierten $F_j(\boldsymbol{s})$ nach Gleichung (8) wird von den folgenden Voraussetzungen und Annahmen ausgegangen (vgl. auch Bild 3):

$\Delta_k a_j$ sind die parakristallinen Schwankungsgrößen der Zellkantenvektoren $\boldsymbol{a}_j$, wobei die Hauptachsen des Schwankungstensors mit den Koordinatenrichtungen zusammenfallen sollen.

Der Zellkantenvektor $\overline{\boldsymbol{a}_3}$ des parakristallinen Übergitters zeige in Richtung der Texturachse („Faserachse", z-Achse des probenfesten Koordinatensystems) in Übereinstimmung mit der experimentellen Beobachtung, daß die Reflexe i. a. längs Schichtlinien verbreitert sind.

Die beiden Makrogittertranslationen $\overline{\boldsymbol{a}_1}$ und $\overline{\boldsymbol{a}_2}$ sollen in Zylinderkoordinaten gleiche z-Komponenten a_z und — da die Kristallite sich seitlich berühren sollen — eine dem Durchmesser B dieser Teilchen gleiche gemeinsame r-Koordinate haben. Für die zugehörigen

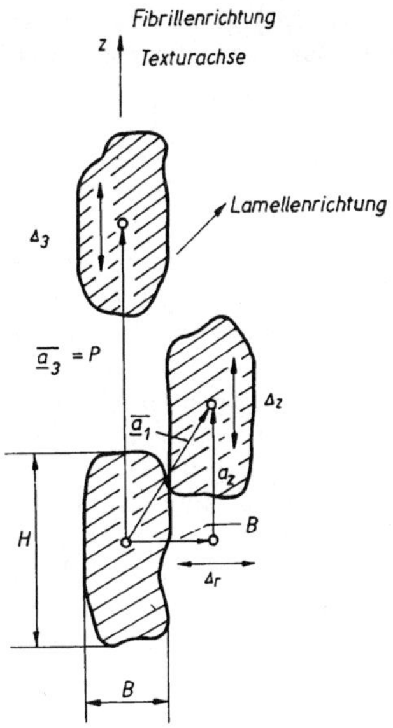

Bild 3. Bedeutung der Strukturparameter (schraffiert: drei einander benachbarte, die Seitenfläche einer Elementarzelle definierende Kristallite)

parakristallinen Schwankungsbreiten werden die Bezeichnungen $2\Delta_z$ und $2\Delta_r$ eingeführt. Δ_r ist eine Maßzahl für die Dispersion der Kristallitbreiten, Δ_z beschreibt die Statistik der longitudinalen Verschiebung und damit die laterale Korrelation benachbarter Fibrillen. Weiterhin ist

$$\frac{a_z}{B} = \operatorname{tg}\beta$$

ein Maß für die Neigung der Lamellen gegenüber der Texturachse.

Unter diesen Voraussetzungen folgt aus den Gleichungen (5) bis (8)

$$F_j(\boldsymbol{s}) = \exp(-2\pi i\overline{\boldsymbol{a}_j}\boldsymbol{s} - \alpha); \qquad j = 1, 2 \quad (9)$$

mit

$$\alpha = 2\pi^2(\Delta_r^2 s_r^2 + \Delta_z^2 s_z^2); \qquad s_r^2 = s_x^2 + s_y^2 \quad (10)$$

sowie

$$Z_j(\boldsymbol{s}) = \frac{1 - e^{-2\alpha}}{1 + e^{-2\alpha} - 2e^{-\alpha}\cos\chi_j}. \quad (11)$$

3.3. *Streufunktion für axiale Texturen*

Bei axialer Textur ist die Streufunktion nach Gleichung (1) über den Azimutwinkel φ zu mitteln:

$$\bar{I}(\boldsymbol{s}) = \frac{\int_0^{2\pi} |\bar{f}|^2 w(\boldsymbol{s})\nu(\varphi)\,d\varphi}{\int_0^{2\pi} \nu(\varphi)\,d\varphi} \quad (12)$$

$$= \frac{1}{2\pi}|\bar{f}|^2 Z_3 \int_0^{2\pi} Z_1 Z_2\,d\varphi \quad (13)$$

$$\equiv |\bar{f}|^2 Z_3 \bar{Z}_q; \quad (14)$$

$\nu(\varphi)$ Orientierungsverteilungsfunktion für die übermolekular geordneten Bereiche.

Die Funktion $v(\varphi)$ konnte als φ-unabhängig in Gleichung (13) vor das Integral gezogen werden:

$$v(\varphi) \equiv \frac{1}{2\pi}; \quad \int_0^{2\pi} v(\varphi)\, d\varphi = 1. \tag{15}$$

Das Integral $\bar{Z}_q$ läßt sich leider nicht geschlossen auswerten. Für den speziellen Fall eines orthogonalen Zellkantensystems ($a_z \equiv 0$) ist von *Wilke* und *Weick* [11] eine Lösung in Form einer unendlichen Reihe angegeben worden. Eine Berechnung des Integrals für den allgemeinen Fall nicht-orthogonaler Zellkantenvektoren ist bei Berücksichtigung der relativ hohen parakristallinen Störungsgrade in ausreichender Näherung möglich. Zu diesem Zweck schreibt man den Integranden in der Form $[1 + f(\varphi)]^{-1}$, entwickelt diesen Ausdruck in eine Potenzreihe nach $f(\varphi)$ und vernachlässigt alle Glieder, die $e^{-m\alpha}$ mit $m > 1$ enthalten:

$$\bar{Z}_q = 1 + \frac{2e^{-\alpha}}{\pi} \int_0^{2\pi} \cos\,[2\pi(a_z s_z + B s_r \cos\varphi)]\, d\varphi \tag{16}$$

$$= 1 + 4e^{-\alpha} \cos\,(2\pi a_z s_z) I_0(2\pi B s_r); \tag{17}$$

I_0 *Bessel*-Funktion nullter Ordnung.

Auf der Grundlage der Gleichungen (2), (3), (14), (17) ist eine quantitative Analyse und Auswertung der extrameridionalen Komponente der dKWS nach anschaulichen, die übermolekulare Ordnung charakterisierenden Parametern möglich. Einem entsprechenden Auswerteverfahren nebst einer Anwendung auf Polyamid 6 ist Teil II der vorliegenden Arbeit gewidmet [20].

4. Diskussion der Streuformel

4.1. Gültigkeitsbereich

Der für $\bar{Z}_q$ abgeleitete Ausdruck (17) ist nur für hinreichend große $\alpha \geqq \alpha_G$ gültig. Gleichbedeutend damit ist zu fordern, daß der Streuvektor $\mathbf{s}$ außerhalb einer Ellipse um den Streumittelpunkt liegen muß mit den Halbachsen

$$a = \frac{1}{\pi \Delta_r} \sqrt{\frac{\alpha_G}{2}}; \quad b = \frac{1}{\pi \Delta_z} \sqrt{\frac{\alpha_G}{2}} \tag{18}$$

(vgl. Gleichung (10)).

Eine mathematisch-analytische Bestimmung von α_G — z. B. durch Abschätzen des Restgliedes der Reihenentwicklung — stößt auf erhebliche Schwierigkeiten. Daher wurden auf einer elektronischen Rechenanlage umfangreiche Modellrechnungen durchgeführt und auf diese Weise α_G zu

$$\alpha_G \approx 0{,}8$$

bestimmt. Die Gültigkeitsellipse hat dann auf dem Meridian die von der parakristallinen Störungsgröße Δ_z abhängende Halbachse b:

$$b \approx \frac{0{,}2}{\Delta_z}. \tag{19}$$

Aus der Forderung, daß die zu analysierenden Reflexe an der Stelle $s_z = 1/P$ (P ist die dem Streudiagramm zu entnehmende Langperiode) vollständig im Gültigkeitsbereich liegen sollen, folgt als hinreichende Bedingung für die Gültigkeit der Formel (17)

$$\frac{\Delta_z}{P} \gtrsim 0{,}27. \tag{20}$$

Diese Relation ist nach Literaturangaben zwar meist erfüllt [10, 17], bei quantitativen Auswertungen jedoch stets zu überprüfen.

4.2. Deutung von Schichtlinien- und Vierpunktdiagrammen

Zur Deutung der Streudiagramme im Kleinwinkelgebiet soll im folgenden vorausgesetzt werden, daß der Zellkantenvektor $\boldsymbol{a}_3$ keinen parakristallinen Schwankungen in Querrichtung unterliege. Träfe das nicht zu, würde das Streudiagramm leicht modifiziert. [19].

Bildet man unter dieser Voraussetzung die partielle Ableitung nach s_r zu der durch Gleichung (1) gegebenen Streufunktion für $s_r = 0$ und $s_z = s_z^{(0)}$ beliebig, so erhält man

$$-\frac{2}{\pi^2 B^2} \frac{\partial^2 I}{\partial s_r^2}\bigg|_{s_r=0} = 1 + c\left[5 + 8\left(\frac{\Delta r}{B}\right)^2\right] \tag{21}$$

mit

$$c = 4\cos\,[2\pi a_z s_z^{(0)}]\exp\,[-2\pi^2 \Delta_z^2 (s_z^{(0)})^2]. \tag{22}$$

Hierbei wurde für $|\bar{f}|^2$ die *Gauß*-Näherung nach Gleichung (3), für $w(\mathbf{s})$ der Ausdruck nach Gleichung (17) eingesetzt. Für die auftretenden Exponentialfunktionen ebenso wie für I_0 wurden die für kleine Argumente gültigen Potenzreihendarstellungen verwendet.

Das Vorzeichen der rechten Seite von Gleichung (21) bestimmt den Charakter des Streudiagramms. Für positives c, d. h. für

$$\cos\,(2\pi a_z s_z) > 0 \tag{23}$$

im Streubereich, können nur *Schichtliniendiagramme* auftreten (Bild 4a). Die Gleichung (23) besagt, daß Fibrillenrichtung und Lamellenrichtung praktisch senkrecht aufeinander stehen.

Bild 4a entnimmt man, daß bei großen s_r-Werten das Intensitätsprofil nur noch durch den Bausteinfaktor bestimmt wird. Dies ist um so eher der Fall, je größer die parakristallinen Störungen Δ_r sind. Der Schichtlinienreflex ist um so schmaler, je größer die Teilchen und ihre Abstände B in Querrichtung sind.

Ist c negativ, d. h.

$$\cos\,(2\pi a_z s_z) < 0, \tag{24}$$

so entstehen *Vierpunktdiagramme*, sofern c einen gewissen von $\Delta r/B$ abhängenden Mindestbetrag überschreitet (Bild 4b). Die z-Komponente s_z muß also genügend groß und/oder die parakristalline Schwankungsgröße Δ_z genügend klein sein. In der Probe müssen geneigte Lamellensysteme mit nicht allzu großer Welligkeit vorliegen.

Der Umstand, daß Vierpunktdiagramme häufig erst beim Tempern gereckter Präparate auftreten, muß nach vorstehendem nicht unbedingt darauf beruhen, daß die notwendige Neigung der Lamellen in Richtung

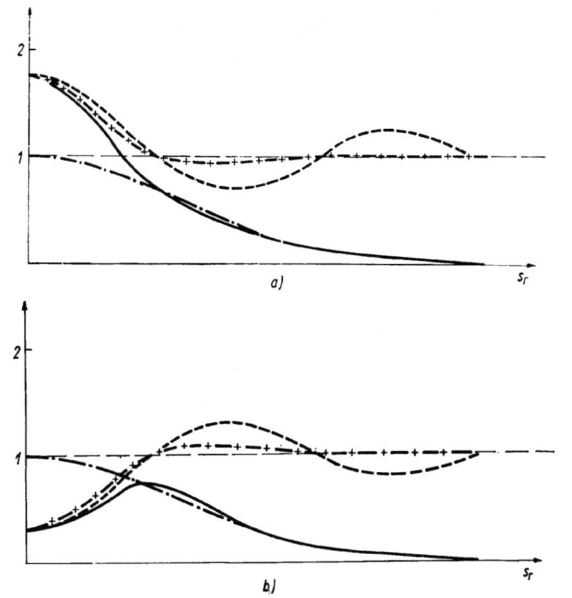

Bild 4. Beitrag des Bausteinfaktors nach Gleichung (3) und des Gitterfaktors nach Gleichung (17) zur Intensitätsfunktion (Reflexprofil in Äquatorrichtung)

—·—·— $= |\bar{f}|^2$ — — — $= 1 + cI_0(2\pi B s_r)$

—+—+ $= Z_q$ ——— $= I(s_r)$

a) Schichtlinienprofil für den Fall $c > 0$

b) Vier-Punkt-Profil für den Fall $c < 0$

der Texturachse erst durch das Tempern induziert wird — sie ist i. a. schon nach dem Recken existent —, sondern kann auch darauf zurückzuführen sein, daß durch das Tempern die parakristallinen Störungen der Querstruktur abgebaut werden. Die durch das Recken fibrillare Ordnung wird lamellar.

Bild 5, auf dem zwei berechnete und — je nach Parameterwahl — auf ein Schichtliniendiagramm und ein Vierpunktdiagramm führende Intensitätsverteilungen als Kurvenscharen gleicher Intensitätswerte dargestellt sind, soll die Ergebnisse veranschaulichen. Für Z_3 wurde dabei ein Ausdruck entsprechend Gleichung (11), für $|f_l|^2$ entsprechend Gleichung (3) angesetzt. Abgebildet ist nur der Quadrant ($s_r > 0$, $s_z > 0$).

5. *Streubildformen bei uniplanar-axialer Textur*

Der Gitterfaktor der nicht über den Azimutwinkel gemittelten Querstruktur $Z_q = Z_1 \cdot Z_2$ lautet unter Berücksichtigung der Näherung, die der Gleichung (16) zugrunde liegt:

$$Z_q = 1 + 2e^{-\alpha} \{\cos [2\pi(a_z s_z + B s_r)] + 1\}. \qquad (25)$$

Dabei wurde zugelassen, daß die beiden Quervektoren a_1 und a_2 unterschiedliche z-Komponenten haben: $a_z^{(1)} = a_z$, $a_z^{(2)} = 0$. Die Einstrahlrichtung ist senkrecht zur Texturachse und parallel zur Lamellenoberfläche. Diese Wahl der Einstrahlrichtung sichert die größtmögliche Information über die Struktur.

Bei der folgenden qualitativen Deutung der zugeordneten Streubilder soll der Einfluß des Bausteinfaktors auf Reflexform und -lage vernachlässigt werden. Reflexe treten dort auf, wo sich die Linien maximaler Werte für Z_q und Z_3 schneiden, da beide multiplikativ in die Intensitätsfunktion eingehen. Die entsprechenden Kurven für Z_3 sind Parallelen zum Äquator, diejenigen für Z_q um den Winkel $90° - \beta$ (siehe Abschnitt 3.2) gegenüber dem Meridian geneigte Geraden. Allen Kurven ist eine vom Beobachtungspunkt und von der parakristallinen Gitterstruktur abhängende Breite δ zuzuordnen [13]. Die Reflexform wird wesentlich vom Verhältnis der Breiten

$$\frac{\delta_0}{\delta_3}$$

bestimmt (Bilder 6 und 7).

Für die integrale Breite $\delta_j(s)$ des Gitterfaktors Z_j gilt die Beziehung [13]:

$$\delta_j(s) = \frac{1}{2|\bar{a}_j|} [1 - |F_j(s)|]. \qquad (26)$$

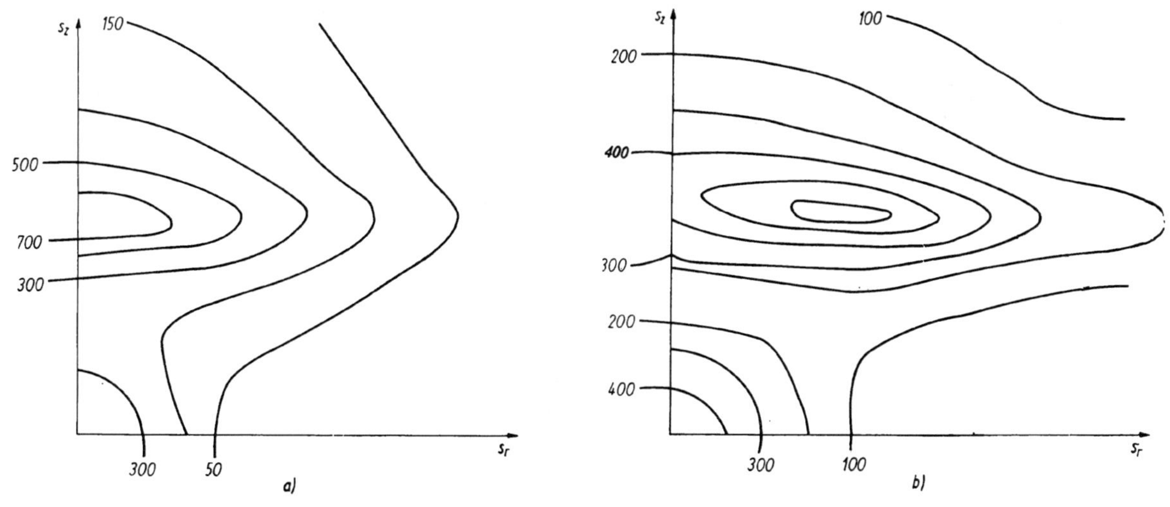

Bild 5. Linien gleicher Intensität, berechnet nach den Gleichungen (1), (2) und (17)

a) Schichtliniendiagramm b) Vier-Punkt-Diagramm

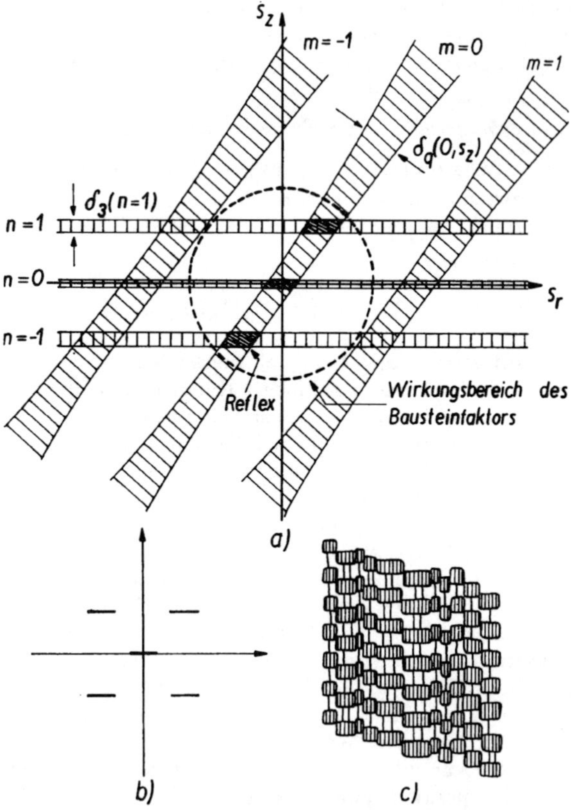

Bild 6. Fibrillare Struktur und Streubild bei uniplanar-axialer Textur (Erläuterungen s. Text)

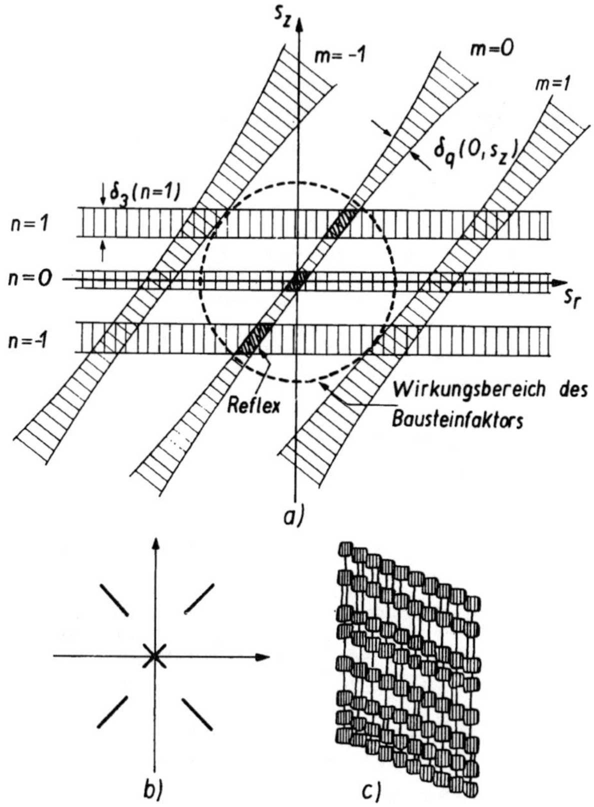

Bild 7. Lamellare Struktur und Streubild bei uniplanar-axialer Textur (Erläuterungen s. Text)

Hieraus folgt:

$$\delta_q(m, s_z) = \frac{\pi^2\left[\Delta_r^2\left(s_z + \operatorname{tg}\beta + \frac{m}{B}\right)^2 + \Delta_z^2 s_z^2\right]}{\sqrt{B^2 + a_z^2}},$$

$$\delta_3(n) \doteq \frac{\pi^2 \Delta_3^2 n^2}{P^3}; \tag{27}$$

$2\Delta_3$ Breite der Verteilungsstatistik für P,
m, n Reflexordnungen.

Für die in den Bildern 6 und 7 eingezeichneten Reflexe gilt $m = 0$, $n = 1$, $s_z = 1/P$ und daher

$$\frac{\delta_q}{\delta_3} = \frac{\Delta_z^2 + \Delta_r^2 \operatorname{tg}^2\beta}{\Delta_3^2} \cdot \frac{P}{\sqrt{B^2 + a_z^2}}. \tag{28}$$

Es sei nun

$$\frac{\delta_q}{\delta_3} \gg 1,$$

d. h. die Querstruktur sei weit mehr parakristallin gestört als die Längsstruktur. Die übermolekulare Ordnung ist fibrillar (Bild 6c). Bild 6a stellt schematisch das zugehörige Streubild dar. Es entspricht Bild 1c. Analog dazu beschreibt die Bedingung

$$\frac{\delta_q}{\delta_3} \ll 1$$

(Bild 7a) lamellare Strukturen (Bild 7c). Die Bilder 6b und 7b stellen schematisch die entsprechenden Vierpunktdiagramme dar, die man bei uniplanar-axialer Textur erhält. Vierpunktdiagramme nach Art des in Bild 1b gezeigten weisen also bei uniplanar-axialer Textur auf fibrillare, solche nach Bild 1c auf lamellare Strukturen hin.

In diesem Zusammenhang sei darauf hingewiesen, daß *Gerassimov* und *Cvankin* [2] auf anderem Wege zu ähnlichen Schlußfolgerungen gekommen sind.

Aus dem Verlauf der dKWS läßt sich schlußfolgern, daß beim Recken und Scheren, da Streudiagramme nach den Bildern 1b und 1e beobachtet werden, vorwiegend fibrillare Strukturen entstehen. Demgegenüber entstehen beim Relaxieren (z. B. durch Tempern) i. a. lamellare Strukturen.

Ein Vergleich der Gleichungen (17) und (25) zeigt, wie man bei äußerlich gleichem Streubild und für $a_z \neq 0$ nach Abspalten des Bausteinfaktors die in der Probe vorliegende Textur bestimmen kann. Bei axialer Textur liegen die Punkte maximaler Gitterfaktorwerte auf einer Parallelen zum Meridian, während sie bei uniplanar-axialer Textur auf einer um den Winkel $90° - \beta$ geneigten Geraden liegen.

Literatur

[1] *Renouprez, A. J.:* Diffusion des rayon X aux petits angles. Int. Union Cryst., Comm. Cryst. App., Bibliography Nr. 4 (1970).

[2] *Gerassimov, V. I.*, und *Tsvankin, D. Ja.*: Einfluß der Kristallitform auf die Röntgenkleinwinkelstreuung. Vysokomol. Soed. (Hochmol. Verbind.) A **11** (1969) 12, S. 2652—2665.
[3] *Cvankin, D. Ja.*: Beugung an einem linearen System von Kristalliten. Langperioden in Polymeren. Teil I. Vysokomol. Soed. (Hochmol. Verbind.) **6** (1964) 11, S. 2078—2082.
[4] wie [3] Teil II. Vysokomol. Soed. (Hochmol. Verbind.) **6** (1964) 11, S. 2083—2089.
[5] *Reinhold, Ch.*, *Fischer, E. W.*, und *Peterlin, A.*: Evaluation of small-angle X-ray scattering of polymers. J. appl. Physics **35** (1964) 1, S. 71—74.
[6] *Vonk, C. G.*, und *Kortleve, G.*: X-ray small-angle scattering of bulk polyethylene. II. Analysis of scattering curve. Kolloid-Z./Z. Polymere **220** (1967) 1, S. 19—24.
[7] *Perret, R.*, und *Ruland, W.*: Eine verbesserte Auswertemethode für die Röntgenkleinwinkelstreuung von Polymeren. Kolloid-Z./Z. Polymere **247** (1971) 1—2, S. 835—843.
[8] *Takahashi, K.*, *Miyasaka, K.*, und *Ishikawa, K.*: Study on the small-angle X-ray diffraction of polymers. Makromol. Chemie **138** (1970) S. 37—48.
[9] *Bonart, R.*: Kolloid-Strukturen in verstreckten Hochpolymeren. Kolloid-Z./Z. Polymere **211** (1966) 1—2, S. 14—32.
[10] *Bonart, R.*: Parakristalline Schichtgitter in verstreckten Linearpolymeren I. Die Querstruktur. Kolloid-Z./Z. Polymere **194** (1964) 2, S. 97—110.
[11] *Wilke, W.*, und *Weick, D.*: Zylindersymmetrische Mittelung des Gitterfaktors parakristalliner Strukturen; Anwendung auf die Röntgenkleinwinkelstreuung. Kolloid-Z./Z. Polymere **250** (1972) 5, S. 492—495.
[12] *Fischer, E. W.*, *Goddar, H.*, und *Schmidt, G. F.*: Über Zusammenhänge zwischen der Röntgenkleinwinkelstreuung und der morphologischen Struktur verstreckter Hochpolymerer. Kolloid-Z./Z. Polymere **226** (1968) 1, S. 30—40.
[13] *Hosemann, R.*, und *Bagchi, S. N.*: Direct analysis of diffraction by matter. Amsterdam: North Holland Publ. Comp. 1962.
[14] *Cvankin, D. Ja.*: Beugung an einem linearen System von Teilchen mit willkürlichem Formfaktor. Kristallografija, Moskva **12** (1967) 4, S. 555—559.
[15] *Buchanan, D. R.*: Analysis of small-angle X-ray diffraction from polymers. J. Polymer Sci., A-2: Polymer Physics **9** (1971) 4, S. 645—658.
[16] *Peterlin, A.*: Morphology and properties of crystalline polymers with fiber structure. Textile Res. J. **42** (1972) 1, S. 20—30.
[17] *Cvankin, D. Ja.*: persönliche Mitteilung 1970.
[18] *Heffelfinger, C. J.*, und *Burton, R. L.*: X-ray determination of the crystalline orientation distributions of polyethylene terephthalate fibers. J. Polymer Sci. **47** (1960) 149, S. 289—306.
[19] *Hosemann, R.*, *Bonart, R.*, und *Schoknecht, G.*: Faltungspolynom und Gitterfaktor parakristalliner Gitterwerke. Z. Physik **146** (1956) S. 588—614.
[20] *Jungnickel, B. J.*, *Teichgräber, M.*, und *Ruscher, Ch.*: Zur diskontinuierlichen Röntgenkleinwinkelstreuung an Polymeren mit axialer Textur. Teil II. Experimentelle Untersuchungen an Polyamid 6. Faserforsch. u. Textiltechnik in Vorbereitung.
[21] *Jungnickel, B. J.*: Beiträge zur Analyse der diskontinuierlichen Röntgenkleinwinkelstreuung von Polymeren mit Fasertextur. Dissertation, Akademie der Wissenschaften der DDR, 1973.

Eingegangen am 6. Juli 1973

Neue Bücher

Introduction to Polymer Viscoelasticity. Von *John J. Aklonis, William J. MacKnight* und *Mitchel Shen.* New York/London/Sydney/Toronto: Wiley Interscience 1972. XIII, 249 S. Lwd. £ 6,25.

Die ständig zunehmende Verwendung von Polymeren auf allen Gebieten der Technik bedingt, daß nicht nur Hersteller und Verarbeiter, sondern auch die Anwender über detailliertere Kenntnisse vom Verhalten des jeweiligen Polymermaterials bei den verschiedenartigsten Beanspruchungen verfügen sollten. Hinsichtlich der mechanischen Beanspruchungen ist es das viskoelastische Verhalten, das bei Plasten und insbesondere bei Elastomeren interessiert.

Jedoch ist die Viskoelastizität ein sehr komplexes Gebiet, das außerdem mit begrifflichen Schwierigkeiten behaftet ist. Mit dem vorliegenden Buch haben sich die Autoren nun die Aufgabe gestellt, eine Einführung in die Viskoelastizität von Polymeren zu geben. Mit dem Wort „Einführung" im Titel ist zugleich der Rahmen des Buches abgesteckt. Die Viskoelastizität wird nicht in ihrer gesamten Breite abgehandelt, sondern es werden die Grundlagen des Gebietes überwiegend auf molekularer Basis anhand einfacher Strukturmodelle in aller Ausführlichkeit mit den erforderlichen Ableitungen, Annahmen, Vereinfachungen und Grenzen anschaulich dargelegt. Außerdem beziehen sich die Autoren überwiegend auf amorphe kompakte Polymere, so daß die kristallinen Polymeren, die Polymerlösungen und -schmelzen nicht weiter bzw. nur zum Teil erwähnt werden. Dies ist keinesfalls als ein Mangel anzusehen, sondern es trägt durchaus zur Verdichtung und einem besseren Verständnis der Materie bei. Im übrigen ist das Buch so angelegt, daß auch Leser mit mittleren mathematischen Kenntnissen den Inhalt des Buches ohne weiteres verstehen und erfolgreich verarbeiten können. Schließlich ist es die Absicht der Autoren, dem Leser einen Schlüssel zum Verständnis der umfangreichen Spezialliteratur der molekularen Viskoelastizität zu geben.

Das Buch ist in acht Kapitel untergliedert. In der Einleitung werden der Begriff des Moduls und die Abhängigkeit des Moduls sowohl von der Temperatur als auch der Zeitdauer der Messung vom Prinzip her erläutert. Im zweiten Kapitel werden u. a. der Elastizitäts- und Schermodul, die Zusammenhänge zwischen beiden Größen und der *Poisson*'schen Zahl, die Erscheinungen bei dynamischen Beanspruchungen, das Superpositionsprinzip von *Boltzmann*, die Beziehungen zwischen der Kriechnachgiebigkeit und dem Spannungs/Relaxations-Modul sowie die Beziehungen zwischen statischen und dynamischen Eigenschaften behandelt. Die Zeit-Temperatur-Beziehungen sind der Inhalt des dritten Kapitels, wobei auf das Prinzip der Masterkurven, die *Williams/Landel/Ferry* (WLF)-Gleichung und die molekulare Interpretation des viskoelastischen Verhaltens eingegangen wird.

Das vierte Kapitel befaßt sich mit den Erscheinungen des Glasüberganges, den zugehörigen Theorien des freien Volumens der Thermodynamik, verweist auf Strukturparameter, die den Glasübergang beeinflussen, und auf Relaxationen in amorphen Polymeren. Da die besonderen Eigenschaften der Makromoleküle, zu denen u. a. die Viskoelastizität zu rechnen ist, durch deren lange, flexible Ketten wesentlich mitbestimmt werden, ist das fünfte Kapitel der Statistik einer Polymerkette gewidmet, wobei auf Begriffe wie: mittlerer quadratischer Abstand der Kettenenden, statistische Verteilung der Endabstände, begrenzte Beweglichkeit um Bindungswinkel, statistische äquivalente Ketten sowie auf die Vorstellung einer „Entropiefeder" eingegangen wird. Die Gummielastizität wird im sechsten Kapitel aus der Sicht der Thermodynamik, der Statistik und der Phänomenologie, unter Beachtung von Einflüssen durch den Vernetzungsgrad, durch eine Quellung hervorrufende Lösungsmittel, durch Füllstoffe und infolge Beanspruchung bewirkter Kristallisation behandelt. Die mechanischen viskoelastischen Modelle mit dem *Maxwell-*, *Voigt-*, *Maxwell/Weichert-* und *Voigt/Kelvin*-Modellen, die Relaxations- und Retardationsspektren, die Verknüpfungen mit den molekularen Theorien von *Rouse, Bueche* und *Zimm*, die Anwendung des flexiblen Kettenmodells auf Lösungen und die Erweiterung des Feder-Dämpfer-Modells auf die kompakten Polymeren sind Gegenstand des siebenten Kapitels. Den Abschluß bildet ein Kapitel über chemische

Spannungsrelaxation, einem zeitabhängigen Verhalten, das durch Veränderungen der augenblicklichen molekularen Zusammensetzung der Probe verursacht wird, wie z. B. durch Änderungen des Vernetzungsgrades, Kettenspaltung u. ä. Am Ende eines jeden Kapitels befinden sich Literaturhinweise und Aufgaben für den Leser, deren Lösungen und Antworten am Schluß des Buches dann zusammengefaßt sind.

Die Aufgabe, die sich die Autoren mit der „Einführung" als einem Schlüssel zum Verständnis der viskoelastischen Eigenschaften von Polymeren gestellt haben, ist wegen der klaren, verständlichen und exakten Behandlung des Themas von ihnen sehr gut gelöst worden. Das Buch kann deshalb sowohl Studenten, Technikern, Ingenieuren als auch Wissenschaftlern, die in irgendeiner Weise mit der Thematik der Viskoelastizität von Polymeren in Berührung kommen, wärmstens empfohlen werden. *K. Wulf*

Ėnciklopedija polimerov (Polymerenzyklopädie). Band 1, A bis K. Hgg. von *V. A. Kargin, M. S. Akutin, E. V. Vonskij, V. F. Evstratov, N. S. Ėnikolopjan, V. A. Kabanov, V. V. Koršak, M. M. Koton, B. A. Krencel', A. B. Pakšver, V. S. Smirnov, G. L. Slonimskij, S. V. Jakubovič.* Moskva: Sovetskaja ėnciklopedija 1972. 612 S.; Lwd. 4,40 Rbl., 22,— M.

Die Notwendigkeit, auf einem so schnell wachsenden und kaum noch übersehbaren Gebiet, wie dem der Polymerwissenschaft und -technologie, aktuelle und gedrängte zusammenfassende Nachschlagewerke zu schaffen, wird heutzutage kaum noch jemand bestreiten wollen. Leider klaffte hier zwischen den mehrbändigen und sehr ausführlichen Werken, wie z. B. „Encyclopedia of polymer science and technology", und den mehr auf Zahlenmaterial bezogenen reinen Handbüchern vom Range eines „Polymer Handbook", „Spravočnik po polimeram" bzw. „Wissensspeicher Plaste" eine beträchtliche Lücke. Diese zu schließen und damit allen auf dem Polymergebiet Tätigen eine handliche und aktuelle Hilfe zu geben, ist das erklärte Ziel des in der UdSSR erscheinenden Werkes, dessen erster Band jetzt vorliegt.

Nach einem einheitlichen Plan, der im wesentlichen von dem verstorbenen *V. A. Kargin* geprägt wurde, entstand unter Redaktion von 13 prominenten Vertretern der sowjetischen Polymerwissenschaft und unter Heranziehung von weiteren 29 Beratern ein Lexikon, in dem gleichermaßen sowohl Chemie und Physik der Hochpolymeren als auch Polymertechnologie berücksichtigt werden.

Einige Besonderheiten des Werkes seien hier hervorgehoben:

1. Die durchschnittliche Artikellänge beträgt 2 bis 6 Seiten, wobei Schlüsselfragen von international anerkannten Wissenschaftlern behandelt werden. [Beispiele: „Adhäsion" (*S. S. Vojuckij*); „Anionische Polymerisation" (*B. L. Erusalimskij*); „Aggregatzustände von Polymeren" (*G. L. Slonimskij*); „Chemiefaserstoffe" (*A. B. Pakšver*) u. a.].
2. Theoretische Fragen nehmen erfreulicherweise einen breiten Raum ein. Ferner sind einzelne physikalische und chemische Untersuchungsmethoden und Beziehungen unter gesonderten Stichwörtern zu finden, wie z. B. „Frequenz-Temperaturmethode nach *Alexandrov/Lazurkin*" oder „Gleichung von *Alexandrov/Gurevič*".
3. Einzelne Monomere bilden keine selbständigen Stichwörter, sondern stehen am Beginn der Artikel für entsprechende Polymere. Dadurch wird eine einheitliche Darstellung des gesamten Problems erreicht und der Buchstabe „P" gleichzeitig von vielen Polymerisaten entlastet, denn Polyacrylnitril ist z. B. unter „Acrylnitrilpolymere" zu finden. Insgesamt sollen in drei vorgesehenen Bänden mehr als 200 Monomere mit Synthesemethoden, Eigenschaften und daraus erhaltenen Polymeren beschrieben werden. Polykondensate werden dann unter „P" stehen, wobei die Ausgangssubstanzen hierfür unter entsprechenden organischen Verbindungsklassen eingeordnet sind („Amine", „Carbonsäuren" u. ä.).
4. Zwischen einzelnen Polymeren und ihren Anwendungsformen, wie Filme, Folien, Faserstoffe, Kautschuke, besteht ein klares Verweissystem. So wird z. B. unter „Acrylnitrilpolymere" nur auf Anwendung für Faserstoffherstellung und hiermit auf „Polyacrylnitrilfaserstoffe" verwiesen, wo dann die technologischen Belange ihre Berücksichtigung finden.
5. Allgemeine Eigenschaften, Analysemethoden, Anwendungsgebiete und Verarbeitungsverfahren von Polymeren werden zusammenfassend behandelt (Beispiele: „Dielektrische Eigenschaften" „Analytische Chemie von Polymeren", „Antifriktionsmaterialien", „Vakuumverformung" u. ä.). Dabei wird besonders der Applikation von Polymeren große Aufmerksamkeit geschenkt: Stichwörter vom Typ „Polymere im Maschinenbau", „Polymere in der Landwirtschaft" usw.
6. Es wurde versucht, terminologische Schwierigkeiten weitgehend zu vermeiden, indem man einerseits konsequent das Internationale Einheitensystem (SI) angewandt hat (Massenmittel, relative Molekülmasse u. ä.) und andererseits bei noch bestehenden Unklarheiten verbreitete Synonima mit angeführt wurden („Adhäsion — Haften", „Viskositätsanomalie — Strukturviskosität — wirksame Viskosität — Pseudoplastizität" u. ä.).
Sehr zu begrüßen ist, daß zu jedem russischen Begriff in Klammern Äquivalente in Englisch, Deutsch und Französisch angegeben werden. Diese sollen in einem Sachregister im Band III zusammengefaßt werden, so daß am Ende des Werkes als „Nebenprodukt" ein Wörterbuch in vier Sprachen entsteht. Dies wird gewiß zugleich zum Auffinden der entsprechenden Artikel durch ausländische Leser beitragen.
7. Die Literaturhinweise beschränken sich entsprechend dem vorgesehenen Leserkreis vorwiegend auf leicht zugängliche sowjetische bzw. ins Russische übersetzte ausländische Literatur. Daneben werden grundsätzliche Artikel aus der sowjetischen und fremdsprachlichen Zeitschriftenliteratur bis etwa 1970 berücksichtigt, wobei fast in allen Fällen auf entsprechende Stellen in „Encyclopedia of polymer science and technology" verwiesen wird. Hinweise auf Patentliteratur mußten notwendigerweise bei dieser Art der zusammenfassenden Darstellung unterbleiben, da solche Patentübersichten bei der bevorzugten Artikellänge nur sehr unvollständig sein könnten.
8. Für Massenpolymere bzw. Erzeugnisse daraus, wie Chemiefaserstoffe, Plaste, Elaste usw. werden ausführliche statistische Produktionszahlen bis einschließlich 1970 angeführt.

Insgesamt macht der hier besprochene Band 1 durch seine klare und sehr sachliche Darstellungsweise bei einer einwandfreien graphischen Gestaltung einen ausgezeichneten Eindruck. Der Rezensent schließt sich deshalb der im Vorwort enthaltenen Empfehlung:

> „Die Enzyklopädie ist für breite Kreise der Hoch- und Fachschulkader bestimmt, die sich mit der Synthese, Verarbeitung und Verwendung von Polymeren in verschiedenen Zweigen der Volkswirtschaft befassen. ... Sie wird vom Nutzen sein für Forschungskader in Instituten und Forschungseinrichtungen der Industrie, für Lehrkräfte in Hoch- und Fachschulen, für Studenten und Aspiranten"

gerne an und glaubt, daß hier bei einem erstaunlich niedrigen Preis — $<$ 4Pf. pro Seite komprimierte Polymerwissenschaft und -technologie — ein Buch angeboten wird, das nicht allein in keiner Fachbibliothek der Polymerforschungseinrichtungen und Polymerindustrie fehlen darf, sondern auch den Einzug in viele Privatbibliotheken des erwähnten Leserkreises halten wird. *T. Lukanoff*

Auszeichnungen zum 24. Jahrestag der DDR

In Würdigung außerordentlicher Verdienste beim Aufbau und bei der Entwicklung der sozialistischen Gesellschaftsordnung und der Stärkung der DDR wurde mit dem

„Vaterländischen Verdienstorden in Gold"

geehrt

Herr Prof. Dr. phil. *Hermann Klare*

Präsident der Akademie der Wissenschaften der DDR

Der

„Nationalpreis der DDR für Wissenschaft und Technik"

wurde

Herrn Prof. Dr. rer. nat. *Burkart Philipp*

Direktor des Instituts für Polymerenchemie der Akademie der Wissenschaften der DDR und Ordentliches Mitglied der Akademie der Wissenschaften der DDR

für seine Leistungen bei der Entwicklung der Polymerenchemie, insbesondere der Cellulosechemie, verliehen.

Beiden Wissenschaftlern, die seit vielen Jahren Mitarbeiter und Mitherausgeber unserer Zeitschrift sind, sprechen wir unsere herzlichsten Glückwünsche aus.

Patentschau

Auszug aus der Lieferung 7/8 und 9/10/1973 der Patentschau „Faserstoffe und Textiltechnik", Ausgabe A: Faserstoffe einschl. Kunststoffe und organ. Grundsubstanzen, zusammengestellt von der Abteilung Information und Dokumentation des Instituts für Polymerenchemie der AdW der DDR, 153 Teltow-Seehof, Kantstr. 55

Die Patentschau ist nach der Internationalen Patentklassifikation (IPC) gegliedert. Es bedeuten: DLP = DDR-Patent; DTP = Deutsches Bundespatent; DTA = (West)Deutsche Auslegeschrift; DTO = (West)Deutsche Offenlegungsschrift; OEP = Oesterreichisches Patent; POP = Polnisches Patent; CHP = Schweizer Patent; FRP = Französisches Patent; GBP = Britisches Patent; JAP = Japanisches Patent; SWP = Schwedisches Patent; SUP = Sowjetisches Patent; CSP = Tschechoslowakisches Patent; USP = Amerikanisches Patent; A = Anmeldedatum, O bzw. B. = Tag der Ausgabe der Patent-, Offenlegungs- bzw. Auslegeschrift.

Sektion B. Arbeitsverfahren

B 65 Fördern, Packen, Lagern; Handhaben dünner oder fadenförmiger Werkstoffe

B 65h. Behandeln von dünnem oder fadenförmigem Gut, z. B. Folien, Gewebe, Kabel

SUP*l* 362772 (Urheberschein). Vorrichtung zur Fadenablage auf einem Dorn. Erf.: *V. N. Bondarenko, V. I. Janickij* u. *B. N. Metlov*. Anm.: Special'noe konstruktorskoe Bjuro polimernogo Mašinostroenija. A. 21. 1. 71, B. 20. 12. 72. Int. Kl.: B 65h 54/28. A.-Z.: 1616920/28–12.

FRP 2131499 (B). Verbesserungen bei Spulvorrichtungen. Inh.: Du Pont of Canada Ltd. A. 21. 3. 72, B. 15. 12. 72. Int. Kl.: B 65h 75/00, 79/00, D 01h 7/00. A.-Z.: 7209815. Prior.: 22. 3. 71 (CA; A.-Z.: 108408).

Sektion C Chemie und Metallurgie

CHEMIE

C 01 Anorganische Chemie

C 01b. Nicht-metallische Elemente, Metalloide und ihre Verbindungen, außer den unter C 01c aufgeführten

JAP 7207686. Kohlenstoff-Faserstoffe und -Folien. Erf.: *Akio Shindo Yoichiro Nakanishij* u. *Isamu Soma*. Inh.: Japan Bureau of Industrial Technology. A. 6. 2. 67, B. 4. 3. 72. Int. Kl.: C 01b, C 03b. A.-Z.: 677544.

JAP 7210251. Flammfeste Faserstoffe. Erf.: *Hideji Kitakawa*. Inh.: Toray Industries, Inc. A. 31. 3. 69, B. 27. 3. 72. Int. Kl.: C 01b. A.-Z.: 6923884.

JAP 7222656. Graphitisierung von Kohlenstoffaserstoffen. Erf.: *Seiwa Shinsho* u. *Toshitake Norida*. Inh.: Toray Industries, Inc. A. 26. 11. 69, B. 24. 6. 72. Int. Kl.: C 01b. A.-Z.: 6994270.

C 03 Glas; Mineral- und Schlackenwolle

C 03b. Herstellung, Formgebung und Nachbehandlungsverfahren

JAP 7125852. Schlangenförmige Asbestfaserstoffe. Erf.: *Yoshiharu Shimokawa* u. *Hajime Saito*. Inh.: Chiyoda Chemical Engineering and Construction Co. Ltd. A. 20. 11. 67, B. 26. 7. 71. Int. Kl.: C 04b, C 03b. A.-Z.: 6774329.

USP 3697241. Verfahren und Vorrichtung zur kontrollierten Abkühlung bei der Herstellung von Glasfasern. Erf.: *Edward T. Strickland* u. *Homer C. Amos*. Inh.: PPG Industries Inc., Pittsburgh, Pa. A. 14. 1. 69, B. 10. 10. 72. Kl.: 65-2, Int. Kl.: C 03b 37/02. 14 Anspr. A.-Z.: 790933.

C 07c. Acyclische und carbocyclische Verbindungen.

FRP 2135502. Verfahren zur Herstellung von Terephthalsäure durch Oxydation von *p*-Xylol. Erf.: *Jacob Alagy* u. *Christian Busson*. Inh.: Institut Francais du Petrole, des Carburants et Lubrifiants. A. 6. 5. 71, B. 26. 1. 73. Int. Kl.: C 07c 63/00. A.-Z.: 7116492. Entspr. DTO 2220182.

JAP 7206298. Veresterung aromatischer Dicarbonsäuren. Erf.: *Hidehiko Kobayashi, Yasuto Kodaira* u. *Kenji Yoshimura*. Inh.: Asahi Chemical Industry Co. Ltd. A. 24. 2. 69, B. 23. 2. 72. Int. Kl.: C 07c, C 08g, B 01j.

JAP 7207538. Reinigung von Terephthalsäure. Erf.: *Yoshiaki Kikuchi, Tsukuru Koyama, Yasuo Tanabe* u. *Tsuneo Kitamura*. Inh.: Mitsubishi Chemical Industries Co. Ltd. A. 7. 4. 67, B. 3. 3. 72. Int. Kl.: C 07c, B 01j.

C 07 Organische Chemie

C 07d. Heterocyclische Verbindungen, die nur Sauerstoff als Heteroatom oder -atome enthalten

JAP 7217308. Herstellung von ε-Caprolactam aus Cyclohexanonoxim. Erf.: *Takeo Kawaguchi, Takashi Matsubara, Noboru Hisanaga* u. *Hisaaki Naito*. Inh.: Toa Gosei Chemical Industry Co. Ltd. A. 7. 7. 69, B. 20. 5. 72. Int. Kl.: C 07d, B 01j. A.-Z.: 6953095.

CSP 146826. Verfahren zur Isolierung von Lactamen. Erf.: *Vladimír Kubánek, Jaroslava Kondelíková* u. *Jaroslav Králícek*. A. 2. 10. 70, B. 28. 2. 72. Kl.: 12p, 5, Int. Kl.: C 07d 41/06. A.-Z.: 6702/70.

CSP 147014. Verfahren zur Reinigung wäßriger Lösungen von 6-Caprolactam. Erf.: *Ivan Gantner* u. *Šarlotta Heinrichová*. A. 11. 7. 68, B. 24. 3. 72. Kl.: 12p, 5, Int. Kl.: C 07d 41/06. A.-Z.: 5093/68.

C 08 Makromolekulare Verbindungen; ihre Herstellung und chemische Verarbeitung; auf diesen Verbindungen beruhende Gemische

C 08b. Polysaccharide und deren Derivate

JAP 7140511. Verhinderung des Viskositätsabfalls einer Celluloseätherpaste. Erf.: *Ren Komatsu*. Inh.: Nippon Senka Kogyo K. K. A. 25. 3. 66, B. 30. 11. 71. Int. Kl.: C 09b. A.-Z.: 6618863.

SUP 362845 (Urheberschein). Verfahren zur Herstellung von Celluloseestern. Erf.: *A. I. Poljakov, L. A. Poljakova* u. *N. A. Lanina*. Anm.: Irkutskij Institut organičeskoj Chimii Sibirskogo Otdelenija AN SSSR. A. 2. 4. 70, B. 20. 12. 72. Int. Kl.: C 08b 3/00. A.-Z.: 1419619/23–4.

C 08f. Polymerisationsprodukte

JAP 7123150. Farbstabile, Halogenatome enthaltende Acrylnitrilpolymerkompositionen. Erf.: *Ishihiko Nakanome, Kenji Takeya* u. *Hiroshi Suzuki*. Inh.: Japan Exlan Co. Ltd. A. 28. 9. 67, B. 1. 7. 71. Int. Kl.: C 08f, D 01f. A.-Z.: 6762788.

DLP 94066. Verfahren zur Polymerisation von Äthylen oder seinen Gemischen. Erf.: *Umberto Giannini, Adolfo Mayr, Paolo Longi, Ermanno Susa, Velmore Davoli, Domenico Deluca, Antonio Leccese* u. *Angelo Pricca.* Inh.: Montecatini Edison S.p.A. (IT). A. 21. 5. 71, B. 20. 11. 72. Kl.: 39b4, 1/42, Int. Kl.: C 08f 1/42. A.-Z.: AP C 08f/155264. Prior.: 22. 5. 70 (IT; A.-Z.: 24956 A/70, 24957 A/70, 24958 A/70, 24959 A/70). Entspr. FRP 2095024.

DLP 94068. Katalysatorsystem zur Polymerisation ungesättigter Verbindungen. Erf.: *Mario Baccaredda, Paolo Giusti, Aldo Priola* u. *Sebastiano Cesca.* Inh.: Snam Progetti S.p.A. (IT). A. 2. 11. 71, B. 20. 11. 72. Kl.: 39b4, 1/58, Int. Kl.: C 08f 1/58. A.-Z.: AP C 08f/158759. Prior.: 3. 11. 70 (IT; A.-Z.: 31303 A/70). Entspr. FRP 2113387.

FRP 2128753 (B). Verfahren zur Herstellung von Copolymeren des Vinylchlorids mit Acrylsäure bzw. Acrylsäureestern. Erf.: *Lorenzo Ratti* u. *Francesco Visani.* Inh.: Montecatini Edison S.p.A. A. 9. 3 .72, B. 24. 11. 72. Int. Kl.: C 08f 1/00, 15/00. A.-Z.: 7208145. Prior.: 12. 3. 71 (IT; A.-Z.: 21678 A/71). Entspr. DTO 2211380.

FRP 2128877 (B). Verfahren zur Polymerisation von Alkenen. Inh.: Stamicarbon N. V. A. 13. 3. 72, B. 24. 11. 72. Int. Kl.: C 08f 1/00, 3/00, 15/00. A.-Z.: 7208654. Piror.: 11. 3. 71 (NL; A.-Z.: 7103231). Entspr. DTO 2211486.

CHP 533646. Verfahren zur Herstellung eines Polymerisationskatalysators. Erf.: *André Delbouille* u. *Louis Derroitte.* Inh.: Solvay & Cie. Soc. An., 33 Rue du Prince Albert, Brüssel (BE). A. 10. 9. 71. Int. Kl.: C 08f 1/42, 3/06. A.-Z.: 13352/71. Prior.: 20. 10. 70 (LU; A.-Z.: 61899). Entspr. DLP 92124, DTO 2146687 u. FRP 2111405.

GBP 1305610. Olefinpolymerisation. Inh.: Montecatini Edison S.p.A. A. 20. 3. 70, B. 7. 2. 73, Kl.: C3.P, Int. Kl.: C 08f 1/42. A.-Z.: 13675/70. Prior.: 24. 3. 69 (IT; A.-Z.: 14473). Entspr. DLP 84269 u. FRP 2039843.

CSP 147516. Verfahren zur Trennung der wäßrgien Phasen von den suspendierten Polymerisaten. Erf.: *Ladislav Novák* u. *Viera Matejeková.* A. 30. 5. 69, B. 28. 4. 72. Kl.: 39b, 25/01, Int. Kl.: C 08f 1/11. A.-Z.: 3863/69. Entspr. DTO 2025729.

DLP 95280. Verfahren zur Herstellung von Polyolefinen. Erf.: *Vitaly Mikhailovich Zapletnyak, Zinaida Vladimirovna Arkhipova, Boris Vasilievich Erofeev, Vladimir Konstantinovich Badaev* u. 9 weitere. Inh.: Nauchno-Proizvodstvennoe obiedienenie „Plastpolymer“ (SU). A. 7. 4. 72, B. 20. 1. 73. Kl.: 39b4, 3/06, Int. Kl.: C 08f 3/06. A.-Z.: WP C 08f/162156.

OEP 306366. Verfahren zur Polymerisation und/oder Mischpolymerisation von Vinylchlorid. Inh.: Solvay & Cie., Brüssel, A. 6. 6. 69, B. 15. 7. 72. Kl.: 39b, 14, Int. Kl.: C 08f 3/30. A.-Z.: 5403/69. Piro.: 7. 6. 68 (LU; A.-Z.: 56220). Entspr. DLP 75775, DTO 1925292, CHP 498165, FRP 2610345 u. GBP 1207767.

CSP 147892. Verfahren zur Herstellung von Katalysatoren zur stereospezifischen Polymerisation von α-Olefinen. Erf.: *Jiří Mejzlík* u. *Ludmila Vilímová.* A. 5. 7. 68, B. 31. 5. 72. Kl.: 39c, 25/01, Int. Kl.: C 08f 3/02, 3/10. A.-Z.: 4948/68 Lg.

SUP 364632 (Urheberschein). Verfahren zur Herstellung von Polymeren und Copolymeren der Acrylreihe. Erf.: *U. N. Musaev, T. A. Azimov, Ch. U. Usmanov, R. S. Tillaev* u. 1 weiterer. Anm.: Taškentskij gosudarstvennyj Universitet Im. V. I. Lenina. A. 27. 2. 71, B. 28. 12. 72. Int. Kl.: C 08f 7/12. A.-Z.: 1627200/23–5.

USP 3699090. Copolymere von n-Buten und 4-Methylpenten-(1). Erf.: *Roger M. Nagel.* Inh.: Petro-Tex Chemical Corp., Houston, Tex. A. 16. 12. 66, B. 17. 10. 72. Kl.: 260-88,2, Int. Kl.: C 08f 15/04. 2 Anspr. A.-Z.: 602130. Entspr. DTO 1745288 u. FRP 1545041.

CHP 533650. Verfahren zur Herstellung von Copolymerisaten. Erf.: *Horst Dalibor.* Inh.: Reichhold-Albert-Chemie AG, Iverstr. 57, Hamburg 70 (DT). A. 19. 3. 70, Int. Kl.: C 08f 19/02, C 09d 3/48. A.-Z.: 4150/70. Entspr. DTO 2111332 u. OEP 301878.

SUP 362848 (Urheberschein). Verfahren zur Herstellung von Pfropfcopolymeren. Erf.: *S. A. Voronov, G. A. Vološin, Ju. A. Lastuchin, V. A. Pučin* u. 1 weiterer. Anm.: L'vovskij Ordena Lenina politechničeskij Institut. A. 5. 1. 71, B. 20. 12. 72. Int. Kl.: C 08f 25/00. A.-Z.: 1607744/23–45.

DLP 94491. Verfahren zur Modifizierung von Hochpolymeren, insbesondere von faserförmigen Hochpolymeren, vorzugsweise von naßersponnenen Polyakrylnitrilfaserstoffen. Erf. u. Inh.: *Wolfgang Bobeth, Adolf Heger, Michael Stephan* u. *Bernd Ihme.* A. 18. 9. 70, B. 12. 12. 72. Kl.: 39b4, 27/00, Int. Kl.: C 08f 27/00. A.-Z.: WP C 08f/150182. Entspr. DTO 2120486.

DLP 94492. Verfahren zur Herstellung von Formkörpern aus Acrylnitrilpolymerisaten. Erf. u. Inh.: *Volker Gröbe, Paul Klug, Gerhard Mann* u. *Werner Zibell.* A. 18. 1. 71, B. 12. 12. 72. Kl.: 39b4, 29/56, Int. Kl.: C 08f 29/56. A.-Z.: WP C 08f/152542. Entspr. DTO 2160518 u. FRP 2122872.

SUP 362033 (Urheberschein). Plastmischung auf der Basis von Polyvinylchlorid. Erf.: *G. A. Razuvaev, B. B. Troickij, L. N. Malyšev, A. F. Lepaev* u. 4 weitere. A. 14. 7. 70, B. 13. 12. 72. Int. Kl.: C 08f 29/24. A.-Z.: 1453125/23–5.

GBP 1303806. Öl- und wasserabweisende Komposition und Verfahren zum Behandeln von Materialien damit. Inh.: E. I. du Pont de Nemours & Co. A. 3. 3. 70, B. 24. 1. 73. Kl.: C3.P, Int. Kl.: C 08f 37/04, D 06m 15/68. A.-Z.: 11324/69.

SUP 360350 (Urheberschein). Verfahren zur Herstellung von antistatisch ausgerüstetem und stabilisiertem Polyäthylen. Erf.: *Ju. I. Vasiljonok, B. A. Konoplev, Š. L. Lel'čuk* u. *G. G. Veličkovskij.* A. 2. 7. 69, B. 28. 11. 72. Int. Kl.: C 08f 45/58. A.-Z.: 1343476/23–5.

C 08g. Polykondensations- und Polyadditionsprodukte

JAP 7208934. Wärmebeständige Poly(ätheramid)-blockcopolymere. Erf.: *Kaoru Okazaki* u. *Minoru Nakada.* Inh.: Toray Industries, Inc. A. 19. 7. 67, B. 15. 3. 72. Int. Kl.: C 08g, k, D 01f. A.-Z.: 6746051.

JAP 7213064. Mattierte Polyester. Erf.: *Yoshio Itabashi* u. *Masao Seki.* Inh.: Kanebo Co. Ltd. A. 12. 6. 68, B. 20. 4. 72. Int. Kl.: C 08g, B 01j. A.-Z.: 6840474.

JAP 7213861. Stabilisierung von Polyamiden mit HJ. Erf.: *Junji Kajiura, Masayoshi, Fujii Koichi Kikuchi* u. *Shuji Irie.* Inh.: Teijin Ltd. A. 15. 5. 68, B. 25. 4. 72. Int. Kl.: C 08g, k, B 29d. A.-Z.: 6833099.

JAP 7214461. Katalysatoren zur Polymerisation von Formaldehyd. Erf.: *Shinichi Ishida, Noboru Ooshima, Kyoichiro Mori* u. *Hideo Kurushiro.* Inh.: Asahi Chemical Industry Co. Ltd. A. 8. 3. 69, B. 28. 4. 72. Int. Kl.: C 08g, B 01j. A.-Z.: 6917387.

CSP 147386. Verfahren zur Herstellung von faserbildenden Polyestern. Erf.: *Kazuo Ogata, Kiyoshi Kazama, Shozo Suzuki* u. *Yasuo Morimatsu.* A. 20. 7. 66, B. 28. 4. 72. Kl.: 39c, 16, Int. Kl.: C 08g 17/06. A.-Z.: 4906/66. Prior.: 20. 7. 65 (JA; A.-Z.: 43828/65). Entspr. DTO 1645494, CHP 509359, FRP 1487152, GBP 1152726 u. USP 3442808.

CSP 148385. Verfahren zur Herstellung technisch verwendbarer, freie Hydroxylgruppen enthaltender Polyestergemische. Erf.: *Vaclav Rabas.* A. 12. 6. 69, B. 29. 6. 72. Kl.: 39c, 16, Int. Kl.: C 08g 17/04. A.-Z.: 4153/69.

GBP 1304865. Polyamide. Inh.: Kanegafuchi Boseki K. K. A. 26. 8. 70, B. 31. 1. 73. Kl.: C3.R, Int. Kl.: C 08g 20/20, 41/02, 41/04, D 01d 5/10, 5/22, D 01f 7/04. A.-Z.: 41092/70. Prior.: 27. 8. 69, 4. 12. 69, 13. 4. 70, 21. 4. 70, 23. 4. 70, 26. 5. 70 (JA; A.-Z.: 67744, 97690, 31387, 34025, 35046, 45418). Entspr. DTO 2042367.

JAP 7213976. Anfärbbare Polyester. Erf.: *Akira Sakata, Akio Sasaki, Takeshi Nakamura* u. *Masao Takabatake.* Inh.: Yunichika Co. Ltd. A. 24. 10. 68, B. 26. 4. 72. Int. Kl.: C 08g 20/00. A.-Z.: 6877462.

SUP 361182 (Urheberschein). Verfahren zur Herstellung von Polysulfamiden. Erf.: *V. F. Javorovskaja, I. I. Gavlo, T. A. Nečkina* u. *T. T. Jakovenko.* Anm.: L'vovskij Ordena Lenina politechničeskij Institut. A. 2. 2. 71, B. 7. 12. 72. Int. Kl.: C 08g 20/36. A.-Z.: 1618519/23–5.

SUP 362853 (Urheberschein). Verfahren zur Herstellung von Oxypolyamiden. Erf.: *D. M. Filippenko, I. O. Elin, O. A. Tarachtunov, A. I. Čečik* u. 6 weitere. A. 2. 6. 70, B. 20. 12. 72. Int. Kl.: C 08g 20/20. A.-Z.: 1439095/23–5.

CSP 148323. Verfahren zur Herstellung von Lactampolymeren mit niedrigen Monomeren. Erf.: *Jaroslav Steliček, Jan Šebenda* u. *Otto Wichterle.* A. 5. 4. 68, B. 29. 6. 72. Kl.: 39c, 10, Int. Kl.: C 08g 20/10. A.-Z.: 2572/68.

SUP 360354 (Urheberschein). Verfahren zur Herstellung von elastischen Polyurethanen. Erf.: *A. P. Grekov, G. G. Barašenkov* u. *M. I. Šandruk.* Anm.: Institut Chimii vysokomolekuljarnych Soedinenij AN Ukrainskoj SSR. A. 6. 2. 71, B. 28. 11. 72. Int. KL.: C 08g 22/04. A.-Z.: 1619327/23-5

SUP 361185 (Urheberschein). Verfahren zur Herstellung von Polybenzoxazolen. Erf.: *V. V. Koršak, G. M. Cejtlin, N. S. Zabel'nikov, A. I. Pavlov* u. 3 weitere. Anm.: Moskovskij chimikotechnologičeskij Institut Im. D. I. Mendeleeva u. Naučno-issledovatel'skij Institut plastičeskich Mass. A. 15. 2. 71, B. 7. 12. 72. Int. Kl.: C 08g 33/02. A.-Z.: 1620190/23–5.

CSP 147113. Verfahren zur Herstellung von Gegenständen, die zur wiederholten oder länger andauernden Berührung mit lebenden Geweben bestimmt sind. Erf.: *Drahoslav Lim, Jiří Vacík* u. *Jindřich Kopeček.* A. 23. 10. 69, B. 24. 3. 72. Kl.: 39b, 22/04, Int. Kl.: C 08g 22/00. A.-Z.: 7035/69.

DTO 2140207. Stabilisiertes aromatisches Polycarbonat. Erf.: *Erich Eimers, Dieter Margotte* u. *Helmut Schmid.* Anm.: Bayer AG, 5090 Leverkusen (DT). A. 11. 8. 71, B. 15. 2. 73. Kl.: 39b5, 39/00, Int. Kl.: C 08g 39/00. A.-Z.: P 2140207.

C 08k. Zusatzstoffe für allgemeine Anwendung

DTO 2230783. Verfahren zum Färben synthetischer Harze und gefärbte synthetische Harze. Erf.: *Johannes George Jacobus Kok* u. *Rudolf van Moorselaar.* Anm.: N. V. Philips Gleeilampfenfabrieken, Eindhoven (NL). A. 23. 6. 72, B. 28. 12. 72. Kl.: 39b8, 1/74, Int. Kl.: C 08k 1/74. A.-Z.: P 2230783. Prior.: 25. 6. 71 (NL; A.-Z.: 7108769).

TEXTILIEN

D 01b. Mechanische Behandlung von natürlichen faserigen oder fadenförmigen Stoffen zur Gewinnung von Fasern oder Fäden, z. B. zum Verspinnen

SUP 358434 (Urheberschein). Sägezylinder der Egreniermaschine. Erf.: *P. N. Tjutin* u. *R. Ju. Melamedov.* Anm.: Taškentskij Institut tekstil'noj i legkoj Promyšlennosti. A. 7. 1. 71, B. 3. 11. 72. Int. Kl.: D 01b 1/08. A.-Z.: 1607403/28–12.

SUP 359307 (Urheberschein). Vorrichtung zum Befeuchten von Samen. *S. P. Kagalovskij, L. I. Kurgul'ceva, G. S. Lancman, Ch. Narmatov* u. 2 weitere. Anm.: Institut Mechaniki i Sejsmostojkosti Sooruženij AN Uzbekskoj SSR. A. 25. 5. 71, B. 3. 12. 72. Int. Kl.: D 01b 1/02, A 01c 1/00. A.-Z.: 1661728/30–15.

SUP 359308 (Urheberschein). Vorrichtung zur Gewinnung von Bast aus Bastfaserstengeln. Erf.: *Š. F. Miftachov, T. B. Tukubaev* u. *A. Abdukadyrov.* Anm.: Sredneaziatskij Ordena Trudovogo Krasnogo Znameni naučno-issledovatel'skij Institut Mechanizacii i Elektrifikacii sel'skogo Chojajstva. A. 26. 6. 70, A. 3. 12. 72. Int. Kl.: D 01b 1/22. A.-Z. 1446588/28–12.

SUP 362078 (Urheberschein). Apparat zur Herstellung polymerer Faser-Bindemittel. Erf.: *B. B. Gutman, K. I. Obrazcov, A. V. Konstantinov, L. N. Jančenko* u. 2 weitere. Anm.: Vsesojuznyj naučno-issledovatel'skij Institut celljulozno-bumačnoj Promyšlennosti. A. 18. 12. 69, B. 13. 12. 72. Int. Kl.: D 01b 1/30. A.-Z.: 1386617/23–5.

D 01c. Chemische Behandlung von natürlichen fadenförmigen oder faserigen Stoffen zur Gewinnung von Fäden oder Fasern zum Verspinnen; Karbonisieren von Lumpen zur Rückgewinnung tierischer Fasern

DLP 94056. Verfahren zur schonenden Wäsche der losen Wolle in der Textilindustrie. Erf.: *Janos Fari, Ivan Kralik* u. *Maria Szücs.* Inh.: Richter Gedeon Vegyeszeti Gyar R. T. (HU). A. 21. 12. 71, B. 20. 11. 72. Kl.: 29b, 1/01, Int. Kl.: D 01c 3/00. A.-Z.: AP D 01c/159782. Prior.: 30. 12. 70 (HU; A.-Z.: R1-416). Entspr. FRP 2121053.

D 01d. Meshanisches Verfahren und Vorrichtungen für die Herstellung von künstlichen Fäden, Gespinsten, Fasern, Borsten oder Bändern

JAP 7212886. Recken synthetischer Garne. Erf.: *Kiyosuke Kumai, Masahiro Kaibara* u. *Tanemaru Ezaki.* Inh.: Kuraray Co. Ltd. A. 23. 1. 70, B. 20. 4. 72. Int. Kl.: D 01d. A.-Z.: 706500.

JAP 7222650. Recken von Polyesterfaserstoffen. Erf.: *Fusami Yanada, Kiyomi Yoshida* u. *Yoshio Kimura.* Inh.: Asahi Chemical Industry Co. Ltd. A. 31. 10. 69, B. 24. 6. 72. Int. Kl.: D 01d. A.-Z.: 6986885.

SUP 363758 (Urheberschein). Vorrichtung zum Antrieb der Spinnpumpen von Erspinnmaschinen für Chemiefaserstoffe. Erf.: *J. A. Vinogradov, A. V. Bratuchin, V. M. Danilov, K. D. Danilov* u. 2 weitere. A. 13. 4. 71, B. 25. 12. 72. Int. Kl.: D 01d 1/06. A.-Z.: 1648478/28–12.

DTO 2127792. Vorirchtung zum Herstellen endloser orientierter multifiler Fäden aus in gebogener Bahnform extrudierten Folienstreifen. Erf.: *Erich Lenk, Reinzold Jung* u. *Gerd Albrecht.* Anm.: Barmag Barmer Maschinenfabrik AG, 5600 Wuppertal (DT). A. 4. 6. 71, B. 14. 12. 72. Kl.: 29a, 6/06, Int. Kl.: D 01d 5/00. A.-Z.: P 2127792 (Zus. z. Anm. m. A.-Z.: P 1660231, DTO 1660231.)

DTO 2237285. Verfahren zur Herstellung von diskontinuierlichen Fibrillen. Erf.: *Carlo Raganato* u. *Georges Voituron*. Anm.: Solvay & Cie., Brüssel (BE). A. 28. 7. 72, B. 15. 2. 73. Kl.: 29a, 6/06, Int. Kl.: D 01d 5/00. A.-Z.: P 2237285. Prior.: 6. 8. 71 (LU; A.-Z.: 63673).

SUP 362082 (Urheberschein). Vorrichtung zum Abkühlen synthetischer Fäden. Erf.: *O. V. Ponomarev, B. A. Gudovskij* u. *V. V. Erochin*. Anm.: Leningradskoe special'noe konstruktorsko-technologičeskoe Bjuro Mašin chimičeskich Volokon. A. 20. 7. 71, B. 13. 12. 72. Int. Kl.: D 01d 5/08, D 01h 13/28. A.-Z.: 1682435/28–12.

USP 3699205. Verfahren zur Herstellung von stabilen Fäden aus linearen Polyurethanen. Erf. u. Inh.: *Timothy Victor Peters*, Route 2, Rockaway Road, Lebanon, N. J. A. 3. 4. 70, B. 17. 10. 72. Kl.: 264-210 F, Int. Kl.: D 01d 5/12. 4 Anspr. A.-Z.: 22142 (Zus. z. Pat. m. A.-Z.: 345976 entspr. DTO 1660141, FRP 1443920 u. GBP 1086616.

DTO 2131594. Fadenleitrolle. Erf.: *Stefan Staneff*. Anm.: Industriewerk Schaeffler oHG, 8522 Herzogenaurach (DT). A. 25. 6. 71, B. 28. 12. 72. Kl.: 29a, 6/31, 76c, 16/01, 76d, 6, Int. Kl.: D 01d 13/02, D 01h 13/04, B 65h 57/15. A.-Z.: P 2131594.

CHP 533693. Schmelzspinnvorrichtung für synthetische Filamente. Erf.: *Eldon Lawrence Fletcher*. Inh.: Du Pont of Canada Ltd., 555 Dorchester Boulevard, West, P. O. Box 660, Montreal, Quebe (CA). A. 14. 4. 72. Int. Kl.: D 01d 13/00. A.-Z.: 5505/72. Prior.: 16. 4. 71 (CA; A.-Z.: 110609). Entspr. DTO 2218239.

D 01f. Chemische Gesichtspunkte bei der Herstellung von künstlichen Fäden, Gespinsten, Fasern, Borsten oder Bändern

JAP 7126889. Polyester- und Polyamidfaserstoffe mit rauher Oberfläche. Erf.: *Hiroatsu Kaneko*. Inh.: Teijin Ltd. A. 21. 8. 67, B. 4. 8. 71. Int. Kl.: D 01f. A.-Z.: 6753661. Entspr. FRP 1575351 u. GBP 1199385.

JAP 7204726. Flammfeste Fäden auf Basis von Polyolefinspaltfäden. Erf.: *Yoshihiko Miyanoki Masahiro Okumura, Katsuaki Hirose, Tatsuaki Nishikawa* u. *Noriaki Nishikawa*. Inh.: Mitsubishi Rayon Co. Ltd. A. 23. 10. 68, B. 9. 2. 72. Int. Kl.: D 01f, D 06m, A.-Z.: 6877262.

JAP 72 06053. Acrylnitrilverbundfaserstoffe. Erf.: *Makoto Fujii*. Inh.: Asahi Chemical Industry Co. Ltd. A. 8. 5. 68, B. 21. 2. 72. Int. Kl.: D 01f. A.-Z.: 6830246. Entspr. DTO 1923270, FRP 2008051 u. GBP 1203910.

JAP 7209852. Kräuselfähige Verbundfäden. Erf.: *Masao Matsui, Takeshi Nishida* u. *Hiroshi Takahashi*. Inh.: Kanegafuchi Spinning Co. Ltd. A. 21. 9. 68, B. 23. 3. 72. Int. Kl.: D 01f. A.-Z.: 6868434.

JAP 7212210. Polyamidfaserstoffe. Erf.: *Hiroo Kimura, Akio Furushita, Tei Taniguchi* u. *Kazunari Kudo*. Inh.: Yunichika Co. Ltd. A. 15. 6. 67, B. 15. 4. 72. Int. Kl.: D 01f, C 08g, k. A.-Z.: 6738373

JAP 7217916. Polyvinylalkoholschaumfäden. Erf.: *Zensaburo Oku*. Inh.: Japan Synthetic Chemical Industry Co. Ltd. A. 28. 3. 68, B. 24. 5. 72. Int. Kl.: C 08j, B 29d, D 02g, D 01d. A.-Z.: 6819730.

SUP 358436 (Urheberschein). Verfahren zur Herstellung von fibrillären polymeren Bindemitteln. Erf.: *A. A. Žurin, O. I. Načinkin* u. *N. S. Juferev*. A. 28. 12. 70, B. 3. 11. 72. Int. Kl.: D 01f 7/00. A.-Z.: 1604147/23–5.

USP 3695992. Poröse aromatische Polyamidfaser. Erf.: *Gordon M. Moulds*. Inh.: E. I. du Pont de Nemours & Co., Wilmington, Del. A. 26. 8. 70, B. 3. 10. 72. Kl.: 161-178, Int. Kl.: D 01f 7/00. 4 Anspr. A.-Z.: 71286 (Zus. z. Pat. m. A.-Z.: 856183. A. 8. 9. 69). Entspr. DTO 2044281, FRP 2061108 u. GBP 1288652.

D 01g. Vorbehandlung der Fasern, z. B. zum Verspinnen.

DTO 2132273. Verfahren und Vorrichtung zum Flockenschneiden von Fasersträngen. Erf. nicht genannt. Anm.: *Arno H. Wirth*, Spezialmaschinenfabrik, 7410 Reutlingen (DT). A. 29. 6. 71, B. 18. 1. 73. Kl.: 29a, 6/05, Int. Kl.: D 01g 1/00. A.-Z.: P 2132273.

D 02g. Kräuseln oder Krimpfen (Texturieren) von Fasern, Zwirnen oder Garnen; Garne oder Zwirne

DTO 2221255. Texturiertes Garn, Verfahren zu seiner Herstellung und Vorrichtung zur Durchführung des Verfahrens. Erf.: *Valère Devos*. Anm.: Aerotex S. A., Vaduz (FL). A. 29. 4. 72, B. 23. 11. 72. Kl.: 29a, 6/20, Int. Kl.: D 02g 1/16. A.-Z.: P 2221255. Prior.: 4. 5. 71 (LU; A.-Z.: 63101). Entspr. CHP 532667.

CHP 532667. Verfahren zur Herstellung eines texturierten Fadens, der erhaltene texturierte Faden und Vorrichtung zur Durchführung dieses Verfahrens. Erf.: *Valère Devos*. Inh.: Bovard & Cie., Bern (CH). A. 26. 4. 72, Int. Kl.: D 02g 1/16, 3/38. A.-Z.: 6208/72. Prior.: 4. 5. 71 (LU; A.-Z.: 63101). Entspr. DTO 2221255.

FRP 2135633 (B). Verfahren zur Herstellung eines texturierten Fadens, danach erhaltener Texturfaden sowie Vorrichtung zur Durchführung des Verfahrens. Erf.: *Valère Devos*. Inh.: Aerotex A. S. u. Société Etablissements Sofinal. A. 4. 5. 72, B. 26. 1. 73. Int. Kl.: D 02g 1/00. A.-Z.: 7215932. Prior.: 4. 5. 71 (LU; A.-Z.: 63101). Entspr. DTO 2221255 u. CHP 532667.

FRP 2135892 (B). Neuer texturierter Faden, Verfahren sowie Vorrichtung zu dessen Erzeugung. Erf.: *Claude Corbière*. Inh.: Ateliers Roannais de Constructions Textiles. A. 29. 4. 71, B. 26. 1. 73. Int. Kl.: D 02g 1/00, 3/00. A.-Z.: 7116702. Entspr. DTO 2220713.

SUP 291579 Urheberschen). Maschine zur Herstellung von hochelastischem Hochbauschbaumwollgarn. Erf.: *E. E. Cirkel', L. N. Stepanova, A. V. Šipcova, N. A. Careva* u. 2 weitere. Anm.: Leningradski naučno-issledovatel'skij Institut tekstil'noj Promyšlennosti. A. 19. 1. 68, B. 28. 11. 72. Int. Kl.: D 02g 1/20, D 01d 5/22. A.-Z.: 1211452/28–12.

USP 3693222. Garntexturiervorrichtung. Erf.: *John B. Caffry*. Inh.: Phillips Petroleum Co. A. 28. 12. 70, B. 26. 9. 72. Kl.: 28-1,6, Int. Kl.: D 02g 1/12. 10 Anspr. A.-Z.: 102014. Entspr. DTO 2155094 u. FRP 2113633.

USP 3701245. Friktionszwirnvorrichtung. Erf.: *Hans H. Richter*. Inh.: Lessona Corp., Warwick, R. I. A. 10. 9. 70, B. 31. 10. 72. Kl.: 57-34 R, Int. Kl.: D 02g 1/00, D 01h 7/92, 13/04. 10 Anspr. A.-Z.: 71027. Entspr. DTO 2145340 u. FRP 2120645.

USP 3701248 (ausgesch. aus Pat. 3563021. A. 9. 12. 69. A.-Z.: 883536; Zus. z. Pat. m. A.-Z.: 115770. A. 16. 2. 71; u. Zus. z. Pat. m. A.-Z.: 801596. A. 24. 2. 69). Verflochtenes Multifilgarn. Erf.: *Walter Clarke Gray*. Inh.: E. I. du Pont de Nemours and Co., Wilmington, Del. A. 28. 4. 71, B. 31. 10. 72. Kl.: 57-153, Int. Kl.: D 02g 3/22. 9 Anspr. A.-Z.: 138181. Entspr. DTO 2008338.

D 02j. Veredeln oder Ausrüsten von Fäden, Garnen, Zwirnen, Schnüren, Seilen od. dgl.

FRP 2129710 (B). Verfahren und Maschine zum Texturieren und Recken von Textilgarnen aus synthetischen Materialien. Inh.: Nazionale Cogne S.p.A. A. 16. 3. 72, B. 1. 12. 72. Int. Kl.: D 02j 1/00, D 02g 1/00. A.-Z.: 7209161. Prior.: 16. 3. 71 (IT; A.-Z.: 49077 A/71). Entspr. DTO 2212346.

USP 3698173. Vorrichtung zum Umspinnen von Garn. Erf. u. Inh.: *Robert Peel*, 1502 Reynolda Road u. *Francis B. Northup*, 725 West End Boulevard, Winston-Salem, N. C. A. 4. 8. 69, B. 17 10. 72. Kl.: 57-18, Int. Kl.: D 02j 3/28. 14 Anspr. A.-Z.: 847072.

PAPIER

D 21 Papierherstellung; Gewinnung von Cellulose bzw. Zellstoff

D 21c. Gewinnung von Cellulose durch Abscheiden nichtcelluloseartiger Substanzen von cellulosehaltigen Stoffen; Wiedergewinnung der Zellstoffablaugen; Vorrichtungen dafür

JAP 7127762. Textilzellstoff auf Lignocellulose. Erf.: *Toshio Horiuchi* u. *Masao Oketani*. Inh.: Hitachi Shipbuilding and Engineering Co. Ltd. A. 13. 5. 68, B. 12. 8. 71. Int. Kl.: D 21c. A.-Z.: 6832066.

SWP 352120. Verfahren zur Herstellung von Zellstoffmasse aus pflanzlichem Rohmaterial in Form von Sägespänen u. ä. Inh.: Reinhall, R. B., Lindgö (SW). A. 17. 11. 69, B. 18. 12. 72. Int. Kl.: D 21c 1/00. A.-Z.: 2181/69. Entspr. DTO 2002741, FRP 2037094, GBP 1298745 u. USP 3684651.

Sektion G Physik

G 01 Messen; Prüfen

G 01n. Untersuchen der chemischen oder physikalischen Eigenschaften von Stoffen

CHP 532782. Verfahren und Vorrichtung zur Bestimmung der zu einer vorgegebenen Dehnung eines textilen Prüflings gehörenden Kraft. Erf.: *Gerold Roos*. Inh.: Zellweger AG Apparate- und Maschinenfabriken Uster, Uster. A. 17. 6. 71. Int. Kl.: G 01n 3/08. A.-Z.: 8834/71.

SUP 359574 (Urheberschein). Gerät zur Untersuchung von Textilbezügen. Erf.: *P. I. Garunkštite* u. *L. R. Veržbolauskas*. Anm.: Kaunasskij politechničeskij Institut. A. 10. 12. 70, B. 3. 12. 72. Int. Kl.: G 01n 3/56. A.-Z.: 1602144/28–12.

SUP 358652 (Urheberschein). Verfahren zur Bestimmung der relativen Molekülmasse eines Polymeren. Erf.: *R. A. Andrianov*. Anm.: Moskovskij inženerno-stroitel'nyj Institut Im. V. V. Kujbyševa. A. 4. 1. 71, B. 3. 11. 72. Int. Kl.: G 01n 13/00. A.-Z.: 1608257/26–25.

DTO 2132137. Elektronischer Garnreiniger. Erf.: *Frider Hoyler*. Anm.: Fa. R. + M. Leuze, 7311 Owen (DT). A. 29. 6. 71, B. 18. 1. 73. Kl.: 42k, 50, 76d, 20/01, Int. Kl.: G 01n 33/36, D 02j 7/00. A.-Z.: P 2132137.

Literaturschau

Auszug aus Lieferung 13/1973 der Literaturschau „Faserstoffe und Textiltechnik", zusammengestellt von der Abteilung Information und Dokumentation des Instituts für Polymerenchemie der AdW der DDR, 153 Teltow-Seehof, Kantstr. 55

I. Wissenschaftliche Grundlagen

Majewska, J.: Methode zur quantitativen Bestimmung von Hydroxylgruppen und Äthylenglykol während der Herstellung von Polyäthylenterephthalat. Polimery, Warszawa 18 (1973) 3, S. 142–144.

Fang, H. H., Wiehe, I. A.: Ein modifiziertes Zellenmodell für monomere und polymere Flüssigkeiten. IEC. Ind. engng. Chem./Fundamentals **12** (1973) 2, S. 173–179.

Allgemeines

(Untersuchungsmethoden u. a.)

von Brachel, H., Schümmer, P.: Eine stationäre Meßmethode zur Bestimmung der Relaxationszeit visko-elastischer Fluide bei räumlicher Beanspruchung. Rheologica Acta, Darmstadt **12** (1973) 1, S. 35–40. (dt.).

Locati, G., Gargani, L.: Abhängigkeit der Viskosität (Scherung = 0) von der Verteilung der relativen Molekülmasse. J. Polymer Sci.: Polymer Letters **11** (1973) 2, S. 95–101.

Oláh, K., Gáspár, Gy., Böröcz, Sz.: Messung von kleinen Oberflächen durch eine Trägergasadsorptionsmethode. Acta chim. Acad. Sci. hung. **75** (1973) 4, S. 319–329.

Physik und Chemie der Hochpolymeren

Curro, J. G.: Berechnung der Grüneisen-Parameter von Polymeren. J. chem. Physics **58** (1973) 1 (Teil 2), S. 374–380.

Penczek, I., Biały, J.: Polyphenylenoxid. II. Einfluß von niedermolekularen Fraktionen und Beimischungen auf den Schmelzindex und die Grenzviskosität. III. Beurteilung der Wirksamkeit von Stabilisatoren auf Grund der Grenzviskosität und des Schmelzindex. Polimery, Warszawa **18** (1973) 2, S. 57–59; 3, S. 126–128.

Daryanani, R., Janeschitz-Kriegl, H., van Donselaar, R., van Dam, J.: Eine kalorimetrische Messung der Reibungswärme bei der Kapillarrheometrie von Polymerschmelzen. Rheologica Acta, Darmstadt **12** (1973) 1, S. 19–24 (engl.).

Yasuda, H., Peterlin, A.: Materialtransport in Polymeren durch Diffusion und Strömung. J. appl. Polymer Sci. **17** (1973) 2, S. 433–442.

Iijima, T., Chung, D. J.: Konzentrationsabhängigkeit des Diffusions koeffizienten von p-Nitranilin in Polyäthylenterephthalat und Polyamid J. appl. Polymer Sci. **17** (1973) 2, S. 663–665.

Sorokin, A. Ja., Kuznecova, V. A.: Bestimmung der oberen Grenze der Verteilung der relativen Molekülmassen von Polyvinylalkohol. Ž. prikl. Chimii (Z. angew. Chemie) **46** (1973) 4, S. 942–943.

Margerison, D., Bain, D. R., Kiely, B.: Änderung des Brechungsindexinkrements mit der relativen Molekülmasse. Polymer, London **14** (1973) 4, S. 133–136.

Maslov, V. G.: Polarisation der Elektronenübergänge im Dinatriumkomplex des Chlorins bzw. in seinem Monoanion. Optika i Spektroskopija, Moskva **34** (1973) 5, S. 876–881.

Koenig, J. L., Ipekci, M., Lando, J. B.: IR-Untersuchungen von Polyamid-6-Einkristallen. J. macromol. Sci., B: Physics **6** (1972) 4, S. 713–737.

Kratochvíl, P., Sedláček, B., Straková, D., Tuzar, Z.: Lösungsmittelsysteme mit vorgegebenen optischen und thermodynamischen Eigenschaften undihre Anwendung bei der Lichtstreuung verdünnter Lösungen von Copolymeren oder Polymermischungen. Makromol. Chemie **166** (1973) S. 265–274 (engl.).

Michajlov, M. (Schreibw. i. Orig.: *Michailow, M.*): Zusammenhang zwischen der Struktur und der Lichtstreuung von kristallinen Hochpolymeren. Plaste u. Kautschuk **20** (1973) 6, S. 415–419.

Kadievskij, G. M., Fedotov, V. D., Gafijatullin, R. G.: Spin-Gitter-Kernrelaxation im Rotationskoordinatensystem bei Polyäthylenterephthalat. Dokl. Akad. Nauk SSSR (Ber. Akad. Wiss. UdSSR) **210** (1973) 1, S. 140–143.

Yeh, G. S. Y., Flock, D., Asakawa, T., Chen, R., Jarvis, P.: Mechanismus der durch Ultraschallkavitation von Polyäthyleneinkristallen ermittelten Halsbildung. J. macromol. Sci., B: Physics **6** (1972) 4, S. 635–654.

Bradford, E. B., Vanderhoff, J. W.: Zusätzliche Untersuchungen der morphologischen Änderungen in Latexfilmen. J. macromol. Sci., B: Physics **6** (1972) 4, S. 671–693.

Braun, D., Quarg, W.: Zum Mechanismus der thermischen Abspaltung von Chlorwasserstoff aus Polyvinylchlorid. 10. Mitt.: Bestimmung des Doppelbindungsgehaltes in Polyvinylchlorid durch oxydative Kettenspaltung. Angew. makromol. Chemie, Basel **29/30** (1973) S. 163–178.

Martuscelli, E., Mancarella, C.: Einfluß von Quellungsmitteln auf die Stabilität der niedrigschmelzenden Modifikation von trans-1,4-Polyisopren im orientierten Faserverband. Makromol. Chemie **166** (1973) S. 307–310 (engl.).

Perepečko, I. I., Grečiškin, V. A.: Molekulare Beweglichkeit und Struktur von Polyäthylenterephthalat. Vysokomol. Soed. (Hochmol. Verbind.) Serie A **15** (1973) 5, S. 1016–1023.

Lapšina, N. F., Byčko, K. A., Askadskij, A. A., Znamenskij, N. N., Kozlov, P. V.: Untersuchung der Einsatzfähigkeit einiger Polymerer im amorphen und im kristallinen Zustand. Vysokomol. Soed. (Hochmol. Verbind.) Serie A **15** (1973) 5, S. 1000–1004.

Zelenkova, T. N., Dunaevskaja, C. S., Tarutina, L. I., Kopylova, E. L., Byrdina, N. A.: Strukturierung der Lösungen von Vinylidenfluorid/Trifluorchloräthylen-Copolymeren. Plast. Massy, Moskva (Plast. Massen) (1973) 5, S. 51–53.

Pedemonte, E., Turturro, A., Bianchi, U., Devetta, P.: Die kubische Struktur eines Styrol-Isopren-Blockcopolymeren vom ABA-Typ. Polymer, London **14** (1973) 4, S. 145–150.

Pals, D. T. F., van der Zee, P., Albers, J. H. M.: Einfluß des Reckens auf das Schmelzverhalten von unter Spannung kristallisierten Polypropylenfilmen. J. macromol. Sci., B: Physics **6** (1972) 4, S. 739–759.

Vlasov,, S. V., Surženko, V. V., Sagalaev, G. V.: Untersuchung des Einflusses des Kristallinitätsgrades auf die Orientierung von Polyäthylenterephthalatfolien. Plast. Massy, Moskva (Plast. Massen) (1973) 5, S. 35–37.

Aržakov, S. W., Bakeev, N. F., Kabanov, A. V.: Übermolekulare Struktur von amorphen Polymeren. Vysokomol. Soed. (Hochmol. Verbind.) Serie A **15** (1973) 5, S. 1154–1167.

Peterlin, A.: Radikalbildung und Bruch bei stark gereckten kristallinen Polymeren. J. macromol. Sci., B: Physics **6** (1972) 4, S. 583–597.

Byčko, K. A., Askadskij, A. A., Slonimskij, G. L.: Untersuchung der Relaxationseigenschaften von aus 4,4'-Diaminodiphenyloxid hergestellte Polypyromellithimid. Vysokomol. Soed. (Hochmol. Verbind.) Serie A **15** (1973) 5, S. 1100–1104.

Lodge, A. S., Meissner, J.: Vergleich von Vorhersagen der Netzwerktheorie mit Spannungs/Zeit-Werten bei Scherung und Dehnung einer Schmelze von Polyäthylen niederer Dichte. Rheologica Acta, Darmstadt **12** (1973) 1, S. 41–47.

Fedotova, O. Ja., Gorochov, V. I., Karetnikov, G. S., Koršak, V. V.: Untersuchung der chemischen Umwandlungen von ungesättigten Polyamiden unter Einwirkung hoher Temperaturen. Vysokomol. Soed. (Hochmol. Verbind.) Serie A **15** (1973) 5, S. 1132–1140.

Oblój, M., Žurakowska-Orszagh, J., Roszkowski, Z.: Einfluß der Lösetemperatur von Polyvinylchlorid in Cyclohexanon auf die Eigenschaften der Lösungen. Polimery, Warszawa **18** (1973) 2, S. 63–66.

Weir, N. A.: Photolyse von Poly-p-methylstyrol. J. appl. Polymer Sci. **17** (1973) 2, S. 401–419.

Semenenko, È. I., Myškovskij, V. I., Voblikova, V. A., Vendillo, V. P.: Untersuchung von bei der γ-Radiolyse von Polymeren unter Bestrahlung mit kleinen Dosen entstehenden gasförmigen Produkten. Plast. Massy, Moskva (Plast. Massen) (1973) 5, S. 30–32.

Distler, G. I., Tokmakova, E. I.: Epitaxiales Wachstum von AgCl auf den die elektrischen Eigenschaften der NaCl-Oberfläche kopierenden Polyvinylchlorid-Thermoelektretfolien. Kristallografija, Moskva **18** (1973) 3, S. 614–617.

Miyamoto, T., Shibayama, K.: Abmessung von Ladungsüberträgern bei elektrischen Leitfähigkeitserscheinungen an Polymeren. Kobunshi Kagaku, Tokyo (Chem. High Polymers) **30** (1973) 334(2), S. 103–107 (jap.; engl. Zusammenfass.)

Kato, Y., Hashimoto, T.: Abhängigkeit des Konzentrationseinflusses vom Lösungsmittel bei der Gelchromatographie. Kobunshi Kagaku, Tokyo (Chem. High Polymers) **30** (1973) 334(2), S. 107–111 (jap.; engl. Zusammenfass.).

Pašteka, M., Pikler, A., Piklerová, A.: Einfluß der Celluloseakzessibilität auf Cyanoäthylation und Bildung von Carboxyäthylcellulose. Cellulose Chem. Technology, Jassy/Rum. **7** (1973) 1, S. 31–40 (dt.).

Usov, A. I., Nosova, N. I., Firgang, S. I., Golova, O. P.: Einführung von Azidgruppen in das Cellulosemolekül und Umwandlung der Azidoderivate in Aminopolysaccharide. Vysokomol. Soed. (Hochmol. Verbind.) Serie A **15** (1973) 5, S. 1150–1153.

Seo, T., Kakurai, T., Noguchi, T.: Reaktion von teilweise cyanomethylierten Polystyrolen mit Dicyandiamiden. Kobunshi Kagaku, Tokyo (Chem. High Polymers) **30** (1973) 334(2), S. 76–80 (jap.; engl. Zusammenfass.)

Pašteka, M., Piklerová, A., Pikler, A.: Bildung von Carboxyäthylcellulose während der Cyanoäthylierung der Cellulose. Cellulose Chem. Technology, Jassy/Rum. **7** (1973) 1, S. 23–29 (dt.).

Fukutomi, T., Hakamada, N., Kakurai, T.: Theoretische Betrachtung über die Vernetzungsreaktionen von Polymeren. Kobunshi Kagaku, Tokyo (Chem. High Polymers) **30** (1973) 335(3), S. 117–121 (jap.; engl. Zusammenfass.).

Ham, J. S., Davis, M. K., Song, Jung-Hyun: Anwendung von Chloranil zum Einfangen von freien Radikalen in Polyamid 6. J. Polymer Sci.: Polymer Physics **11** (1973) 2, S. 217–221.

Gol'dgammer, K. A., Maklakov, A. I.: Adsorption von Wasser an Bromkomplexen von Pyrolysaten des Polyacrylnitrils. Ž. fizič. Chimii (Z. physik. Chemie) **47** (1973) 5, S. 1330.

Ogawa, T., Tanaka, S., Inaba, T.: Fraktionierung von Äthylen/Propylen-Copolymeren. J. appl. Polymer Sci. **17** (1973) 2, S. 319–331.

Nishioka, A., Ando, I., Inoue, Y.: Chemische Umlagerung von Kohlenstoff-13 bei Meso- und racemischem 2,4-Di-Cyanopentan als Modellverbindungen von Polyacrylnitril. Kobunshi Kagaku, Tokyo (Chem. High Polymers) **30** (1973) 335(3), S. 139–143 (jap.; engl. Zusammenfass.).

Rudakova, T. E., Moiseev, Ju. V., Pal'vanov, V. Č., Zaikov, G. E.: Abbaukinetik und -mechanismus von Polyäthylenterephthalat in wäßrigen schwefelsauren Lösungen. Dokl. Akad. Nauk SSSR (Ber. Akad. Wiss. UdSSR) **210** (1973) 2, S. 395–397.

Kiselev, A. D., Kucenko, L. I., Danilov, S. N.: Cellulosephosphinate. Ž. prikl. Chimii (Z. angew. Chemie) **46** (1973) 4, S. 909–914.

Miller, B., Martin, R. J., Meiser, Ch. H., jr.: Die Selbstentzündung von Polymeren. J. appl. Polymer Sci. **17** (1973) 2, S. 629–642.

Paramonkov, E. Ja., Lejtman, M. I., Korobova, N. M., Baulin, A. A., Stefanovič, L. G., Semenova, A. S., Nalivajko, E. I., Andreeva, I. N.: Steuerung der Eigenschaften von Polyäthylen hoher Dichte. Plast. Massy, Moskva (Plast. Massen) (1973) 5, S. 3–4.

Physik und Chemie der Monomeren und Oligomeren

Verfahren zur Caprolactamherstellung ohne Nebenproduktbildung. Chem. engng. News **51** (1973) 15, S. 14–15.

Bader, B. D., Cerghilescu, M., Bader, P., Toader, M.: Synthese von Acrylnitril aus Acetonitril und Formaldehyd. Rev. Chimie, Bucureşti **24** (1973) 4, S. 247–248.

Vinogradova, S. V., Andreeva, M. A., Koršak, V. V.: Synthese von Bernsteinsäuredinitril aus Acrylnitril und Acetoncyanhydrin. Ž. prikl. Chimii (Z. angew. Chemie) **46** (1973) 4, S. 944–946.

Kuzaev, A. I., Suslova, E. N., Èntelis, S. G.: Adsorptionschromatographie von Oligomeren nach dem Funktionalitätstyp. Vysokomol. Soed. (Hochmol. Verbind.) Serie A **15** (1973) 5, S. 1178–1181.

Ebihara, Sh., Okata, A.: Synthesen von Oligo-ε-aminocapronsäuren. Kobunshi Kagaku, Tokyo (Chem. High Polymers) **30** (1973) 335(3), S. 125–129 (jap.; engl. Zusammenfass.).

Senner, P.: Mit Oligomeren leben. Chemiefasern/Textil-Ind. **23/75** (1973) 4, S. 344–347; 5, S. 430–435. Lenzinger Ber., Lenzing/Österr. (1972) 34, S. 44–51.

Polymerisation

Šarikov, Ju. V., Fedotova, M. I., Sokolov, L. B.: Mathematisches Modell von Polykondensationsvorgängen in heterogener Phase. Vysokomol. Soed. (Hochmol. Verbind.) Serie A **15** (1973) 5, S. 982–987.

Mjagčenkov, V. A., Vagapova, A. K., Kuznecov, E. V., Frenkel', S. Ja.: Über die Besonderheiten der Bestimmung der fraktionellen Zusammensetzung von bei der Copolymerisation in heterogener Phase hergestellten Copolymeren. Dokl. Akad. Nauk SSSR (Ber. Akad. Wiss. UdSSR) **210** (1973) 1, S. 151–153.

Ermilova, I. I., Blejvas, G. V., Chin, N. N.: Synthese und einige Eigenschaften von Hydroxypropylcellulose. Plast. Massy, Moskva (Plast. Massen) (1973) 5, S. 9–12.

Nemirovskaja, I. B., Berezkin, V. G., Kovarskaja, B. M.: Anwendung der Gaschromatographie bei der Untersuchung der Cyclodehydratationskinetik während der Synthese von thermisch beständigen Polymeren. Vysokomol. Soed. (Hochmol. Verbind.) Serie A **15** (1973) 5, S. 1168–1172.

Devi, G. N., Mahadevan, V.: Redoxpolymerisation. 2. Kinetik der durch das System Cyclohexanon/Mn(III) initiierten Reaktion. Makromol. Chemie **166** (1973) S. 209–217 (engl.)

Kozai, Y., Yamazaki, Sh., Shimizu, T., Yoshida, M.: Herstellung von Polymeren aus Aceton-Formaldehyd-Kondensationsprodukten und Diisocyanaten. Kobunshi Kagaku, Tokyo (Chem. High Polymers) **30** (1973) 335(3), S. 159–162.

Green, B. R., Neuse, E. W.: Von Quadratsäure abgeleitete Polyamide. Polymer, London **14** (1973) 5, S. 230–231.

Takahashi, H., Sakuragi, M., Hasegawa, M., Takahashi, H.: Photochemisch abbaubare Polyamide. Kogyo Gijutsuin Sen'i Kogyo Shikensho Kenkyo Hokoku, Yokohama (Bull. Res. Inst. Polymers Textiles jap. Government) (1973) 100(1), S. 5–11 (jap.; engl. Zusammenfass.).

Woo, Sh. H.: Pfropfcopolymerisation von Methylmethacrylat auf Acrylfaserstoffe durch das System Kupfer(II)-Salz/Wasserstoffperoxid. Kobunshi Kagaku, Tokyo (Chem. High Polymers) **30** (1973) 334(2), S. 66–70 (jap.; engl. Zusammenfass.).

Dupraz, M. L., Rouger, J.: Beitrag zur Untersuchung der elektrochemischen Pfropfung von Methylmethacrylat auf Cellulose. I. Elektrochemische Untersuchung der Pfropfung. II. Untersuchung des Pfropfcopolymeren aus Linters und Polymethylmethacrylat. Cellulose Chem. Technology, Jassy/Rum. **7** (1973) 1, S. 41–62; 63–76 (franz.).

Mukhopadhyay, S., Chatterjee, S. R.: Pfropfung von Methacrylsäure auf Polyvinylalkohol. Makromol. Chemie **166** (1973) S. 317–318 (engl.).

Engel, F.: Zur Kinetik der radikalischen Fällungspolymerisation von Methacrylonitril in Substanz unter Anfangsbedingungen. Makromol. Chemie **166** (1973) S. 199–207.

Iiyama, Sh., Abe, S., Namba, K.: Dehydratationseinflüsse auf die strahlungsinduzierte Polymerisation von Acrylnitril. Kobunshi Kagaku, Tokyo (Chem. High Polymers) **30** (1973) 335(3), S. 134–139 (jap.; engl. Zusammenfass.).
Poehlein, G. W., Vanderhoff, W.: Konkurrenz-Wachstum von Polystyrollatexteilchen: Theorie und Experiment. J. Polymer Sci.: Polymer Chem. **11** (1973) 2, S. 447–452.
Šibalovič, V. S., Ochrimenko, I. S., Jakovlev, A. D., Šangin, Ju. A.: Untersuchung der Pfropfpolymerisation von Polystyrol mit Methylacrylat in der Dampfphase. Vysokomol. Soed. (Hochmol. Verbind.) Serie A **15** (1973) 5, S. 1049–1052.
Yamashita, Y., Hane, T.: Blockcopolymerisation. VI. Polymerisation von Pivalolacton mit makromolekularen Initiatoren aus Polystyrol und Polytetrahydrofuran. J. Polymer Sci.: Polymer Chem. **11** (1973) 2, S. 425–434.
Meškova, I. N., Kudrjakova, N. G., Čirkov, N. M.: Polymerisation von Äthylen mit $VOCl_3$-Al(iso-$C_4H_9)_2$Cl. Vysokomol. Soed. (Hochmol. Verbind.) Serie A **15** (1973) 5, S. 1087–1094.
Azuma, K., Inaki, Y., Takemoto, K.: Vinylpolymerisation durch Metallkomplexe. VI. Über den Initiierungsmechanismus der Vinylpolymerisation durch das α-Aminosäureester/Kupfer(II)-System. Makromol-Chemie **166** (1973) S. 189–198 (engl.).
Haszeldine, R. N., Hyde, T. G., Teit, P. J. T.: Polymerisationsuntersuchungen unter Anwendung modifizierter Ziegler-Natta-Katalysatoren. 1. Polymerisation von Vinylchlorid. 2. Polymerisation von Vinylchlfluorid 3. Das Katalysatorsystem. Polymer, London **14** (1973) 5, S. 215–220; 221–223; 224–229.
Zaozerov, A. M., Sorokin, A. D., Bulygina, L. A., Volkova, E. V., Fokin, A. V.: Über die strahlungsinduzierte Polymerisation von Vinylfluorid. Dokl. Akad. Nauk SSSR (Ber. Akad. Wiss. UdSSR) **210** (1973) 2, S. 349–352.
Komoto, H., Ohmura, K.: Oxydative Polymerisation von 2,6-Xylenol durch Aminkomplexe. Makromol. Chemie **166** (1973) S. 57–68 (engl.).
Duval, M., Théorêt, A.: Polymerisation von Benzol in einem kapazitiv gekoppelten RF-Plasma. J. appl. Polymer Sci. **17** (1973) 2, S. 527–537.

Sonderfragen

Friedman, M., Harrison, C. S., Ward, W. H., Lundgren, H. P.: Sorptionsverhalten von Quecksilber(II)- und Methylquecksilber(II)-Salzen auf Wolle. J. appl. Polymer Sci. **17** (1973) 2, S. 377–390.
Härtel, M., Kossmehl, G., Manecke, G., Wille, W., Wöhrle, D., Zerpner, D.: Struktur und elektrische Leitfähigkeit von polymeren organischen Halbleitern. Angew. makromol. Chemie, Basel **29/30** (1973) S. 307–347.
Perepečkin, L. P., Dubjaga, V. P., Najmark, N. I., Fomenko, B. A.: Untersuchung des Bildungsprozesses von semipermeablen Membranen aus Celluloseacetaten. Vysokomol. Soed. (Hochmol. Verbind.) Serie A **15** (1973) 5, S. 1173–1177.

II. Faserstoffe. Ausgangsstoffe usw.

Ein Faserbruchatlas. Teil 11. Textile Manuf. **100** (1973) 1175, S. 24–25.
Genzer, M. S.: Klassifizierung des Rohstoffs für Erzeugnisse mit medizinischem Verwendungszweck. Tekstil. Prom., Moskva (Textil-Ind.) **33** (1973) 2, S. 32–35.

Naturfaserstoffe

Pflanzliche Faserstoffe

Zeronian, S. H., Cabradilla, K. E.: Weitere Untersuchungen über die Wirkung von Alkalimetallhydroxiden auf Baumwolle. J. appl. Polymer Sci. **17** 1973) 2, S. 539–552.
Hebert, J. J., Muller, L. L., Schmidt, R. J., Rollins, M. L.: Einfluß von Natriumhydroxid auf Messungen der Kristallitorientierung in Baumwollfasern. J. appl. Polymer Sci. **17** (1973) 2, S. 585–587.
Razikov, K. Ch., Sidikov, A., Muratov, A., Usmanov, Ch. U.: Einige allgemeine Gesetzmäßigkeiten der Entstehung der Baumwollfasern und ihrer Fibrillenstruktur. Vysokomol. Soed. (Hochmol. Verbind.) Serie A **15** (1973) 5 S. 1111–1116.

Tierische Faserstoffe

Zernov, E. V., Kotikov, V. A.: Effektivität der Produktion und des Einsatzes von modifizierter Wolle. Izv. vysšich uč. Zav. Zechnol. tekstil. Prom. (Hochschulnachr. Technol. Textil-Ind.) (1973) 1, S. 3–5.
Shiozaki, H., Tanaka, Y.: Lösungsmitteleinfluß auf Epoxid-Wolle-Reaktionen. Kogyo Gijutsuin Sen'i Kogyo Shikensho Kenkyo Hokoku, Yokohama (Bull. Res. Inst. Polymers Textiles jap. Government) (1973) 100 (1), S. 19–23 (jap.; engl. Zusammenfass.).
Shiozaki, H., Tanaka, Y.: Reaktion von Phenylglycidyläther mit Wollkeratin in Gegenwart eines Salzes. Kogyo Gijutsuin Sen'i Kogyo Shikensho Kenkyo Hokoku, Yokohama Bull. Res. Inst. Polymers Textiles jap. Government) (1973) 100(1), S. 13–17 (jap.; engl. Zusammenfass.).

Chemiefaserstoffe

Cellulose und Zellstoff

Saha, P. K., Das Gupta, P. C., Mazumdar, A. K.: Chemiezellstoff aus Jutestengeln. Cellulose Chem. Technology, Jassy/Rum. **7** (1973) 1, S. 87–94 (engl.).
Čujko, G. V., Sobolev, S. E. Čupka, E. I., Nikitin, V. M.: Zusatz von Monoäthanolamin beim alkalischen Aufschluß. Bumaž. Prom. (Papier-Ind.) (1973) 5, S. 8.
Gromov, V. S., Trejmanis, A. P.: Lokalisierung des gefällten Xylans in der Cellulosefaser. Bumaž. Prom. (Papier-Ind.) (1973) 5, S. 7–8.
Germer, E. I.: Präzisierung des Gehaltes an α-Cellulose. Bumaž. Prom. Papier-Ind.) (1973) 5, S. 19–20.
Tamari, T., Nakamura, M.: Viskoelastische Eigenschaften von wäßrigen Methylcelluloselösungen. J. appl. Polymer Sci. **17** (1973) 2, S. 589–603.

Regeneratfaserstoffe

Gorovaja, I. B., Kozlov, N. A., Tarakanov, O. G.: Adsorption von Essigsäure und ihres Anhydrids aus Lösungen an Cellulose mit unterschiedlicher Acetylierungsgeschwindigkeit. Ž. prikl. Chimii (Z. angew. Chemie) **46** (1973) 4, S. 870–874.
Magister, G.: Der Einfluß löslicher Aschekomponenten im Viskosezellstoff auf die Qualität daraus hergestellter Feinseide. Cellulose Chem. Technology, Jassy/Rum. **7** 1973) 1, S. 77–85 (dt.).

Ušakova, K. N., Surgeeva, T. F., Bačukina, F. F., Kol'cova, M. I.: Beherrschung der Verarbeitung von Viskosefäden mit niedriger Drehung. Tekstil, Prom., Moskva (Textil-Ind.) **33** (1973) 2, S. 48–49.
Jänike, K.: Probleme der Abgasreinigung in der Chemiefaserindustrie. Chem. Technik **25** (1973) 6, S. 370–371.

Synthetische Faserstoffe

Kubacki, Z., Lewandowski, St.: Einfluß des Texturierens von Polyestergarn auf die relative Molekülmasse (Polymerisationsgrad) der Fasern. Technik włókienn. (Textiltechn.) **22** (1973) 1, S. 9–12.
Chutareva, G. V., Bjušgens, S. S., Arsen'ev, N. N., Charlamova, N. M., Pidtilok, L. M., Belitčenko, V. I.: Eigenschaften und Einsatz von Kapron-Polyfilseiden, die aus Bikomponent-Elementarfäden bestehen. Tekstil. Prom., Moskva (Textil-Ind.) **33** (1973) 2, S. 1–3.
Kozłowska, A.: Chirurgische Fäden aus Polyglykolsäure. Polimery, Warszawa **18** (1973) 3, S. 151–153.
Budanov, V. D., Filimonov, E. V., Ermolenko, L. K., Savočkin, V. R., Sapak, L. N.: Über die Beständigkeit von Polypropylengewebe unter den Bedingungen der Produktion von Brom und Jod. Chim. Prom. (Chem. Ind.) (1973) 5, S. 31(351)–32(352).

Künstliche mineralische Faserstoffe

Chodkowski, E., Ogorzałek, A., Stawicka, B., Zyżka, D., Michalska, A.: Aromatische Polyimide als thermisch beständiges Tränkharz für Glasgewebe. Polimery, Warszawa **18** (1973) 3, S. 138–141.
Vasilenko, N. A., Litvinov, I. A., Pravednikov, A. N.: Untersuchungen der thermooxydativen Beständigkeit von Pyrolysaten auf der Basis von Polyacrylnitril und einer Schiffschen Base. Vysokomol. Soed. (Hochmol. Verbind.) Serie A **15** (1973) 5, S. 1127–1131.

Ausgangsstoffe. Schaumstoffe. Kautschuk

Ermolenko, I. N., Ljubliner, I. P., Aleksejčik, N. A.: Verwendung von Ionenaustauscherfäden zur Trennung von Metallkationen. Ž. anal. Chimii (Z. analyt. Chemie) **28** (1973) 5, S. 996–998.

III. Fäden-Herstellungstechnologien

Markiewicz, W., Wojciechowski, A.: Einsatz von elektrostatischen Isotopen-Neutralisatoren in der Textilindustrie. Technik włókienn. (Textiltechn.) **22** (1973) 1, S. 6–9.

Spinnerei. Zwirnerei

Spinnereivorbereitung

Corty, E.: Das Schmälzproblem in der Textilindustrie. Chemiefaser/Textil-Ind. **23/75** (1973) 5, S. 418–420.
Malinowski, M., Cendrowska, T.: Einfluß der Anzahl und der Anordnung der Arbeiterwalzen auf die Effekte des Kardierprozesses von wollähnlichen PVY-Fasern Anilana. Przegl. włókienn. (Textil-Rdsch.) **27** (1973) 2/3, S. 108–115.
Ščerbakova, M. N., Gubina, R. S., Čistokolova, T. I.: Bedingungen der Bildung von gleichmäßigen Faservliesen. Tekstil. Prom., Moskva (Textil-Ind.) **33** (1973) 2, S. 62–64.

Spinnerei

Wirth, W.: Misch- und Verarbeitungsverfahren von Chemiefaserstoffen in der Dreizylinderspinnerei. Tex, Doetinchem/Nd. **32** (1973) 2, S. 15–16, 19–21.
Rogožnikova, K. V.: Über die Möglichkeit des Paraffinierens von Trikotagengarn auf Spinnzwirnmaschinen. Tekstil. Prom., Moskva (Textil-Ind.) **33** (1973) 2, S. 42–43.
Artzt, P., Schreiber, O.: Einfluß der Mischungsart und Passagenzahl auf die Garneigenschaften bei Verspinnung von Baumwolle/Polyesterfasern zu OE-Garnen. Chemiefasern/Textil-Ind. **23/75** (1973) 5, S. 409–411.

Zwirnerei

Iyer, C.: Entwicklungen auf dem Gebiet der Zwirnerei. Tex, Doetinchem/Nd. **32** (1973) 2, S. 22–26, 29.

Erzeugnisse der Spinnerei und Zwirnerei

Szmelter, W., Duniewicz, B.:Biegefestigkeit der Seide. Przegl. włókienn. (Textil-Rdsch.) **27** (1973) 2/3, S. 90–91.
Šelepugin, Ju. K., Men'šikova, M. D., Beljaeva, A. K.: Vergleichende Charakteristik der Querschnittsparameter von OE- und Ringspinngarn. Izv. vysšich uč. Zav. Technol. tekstil. Prom. (Hochschulnachr. Technol. Textil-Ind.) (1973) 1, S. 15–17.

Texturfäden

Klein, W., Trummer, A.: Recktexturierverfahren unter besonderer Bezugnahme auf den Reibungsfalschdrahtprozeß. Textile Manuf. **100** (1973) 1175, S. 16–17, 19–23.

IV. Flächengebilde-Herstellungstechnologien

Materialvorbereitung

Efremov, R. D., Mironov, V. P., Bykadorov, R. V., Kirilenko, G. D.: Garnspannung beim Axialabwinden von starren und rotierenden Spulen. Izv. vysšich uč. Zav. Technol. tekstil. Prom. (Hochschulnachr. Technol. Textil-Ind.) (1973) 1, S. 73–74.
Varšavskij, O. G., Mil'man, Ja. V., Dadašev, R. G.: Untersuchung der Parameter-Empfindlichkeit des Schlichtens der Ketten. Izv. vysšich uč. Zav. Technol. tekstil. Prom. (Hochschulnachr. Technol. Textil-Ind.) (1973) 1, S. 52–55.

Weberei

Stepanov, G. V.: Verringerung der Schußfadenbruchhäufigkeit beim Einlegen der Spulen. Tekstil. Prom., Moskva (Textil-Ind.) **33** (1973) 2, S. 53.

Weberei-Technologie

Miringof, A. L.: Besonderheiten der Herstellung von Geweben aus Polyester-Texturseiden. Tekstil. Prom., Moskva (Textil-Ind.) **33** (1973) 2, S. 45–48.
Gordeev, V. A., Dudočkin, V. A.: Untersuchung des technologischen Webprozesses unter der Bedingung einer zwangsläufigen Gewebedeformierung. Izv. vysšich uč. Zav. Technol. tekstil. Prom. (Hochschulnachr. Technol. Textil-Ind.) (1973) 1, S. 66–68.

Erzeugnisse der Weberei

Jančauskene, R. A., Kijauskas, A. K., Indrjunas, Ju. P.: Charakteristiken der Biegesteifheit des Flors von Webpelz. Izv. vysšich uč. Zav. Technol. tekstil. Prom. (Hochschulnachr. Technol. Textil-Ind.) (1973) 1, S. 20–23.
Deržavin, B. A.: Über die künstlerische Ausgestaltung von Geweben. Tekstil. Prom., Moskva (Textil-Ind.) **33** (1973) 2, S. 28–30.
Birenbaum, E. I.: Die Rolle der Standardisierung bei der Qualitätsverbesserung von Wollgeweben. Tekstil. Prom., Moskva (Textil-Ind.) **33** (1973) 2, S. 30–32.

Wirkerei und Strickerei. Konfektion. Sonstige Technologien

Wirkerei- und Strickerei-Technologie

Aisaka,, N., Shibuya, A., Kawakami, T.: Steuerung von Muster herstellenden Maschinen durch Computer. Teil 1. Steuerungsprogramm für das Mustern mit einer Rundstrickmaschine. Kogyo Gijutsuin Sen'i Kogyo Shikensho Kenkyo Hokoku, Yokohama (Bull. Res. Inst. Polymers Textiles jap. Government) (1973) 100 1), S. 25–35. (jap.; engl. Zusammenfass.).
Korliński, W.: Gedekte Reihen- und Kolonnen-Gewirke mit Reliefeffekten Przegl. włókienn. (Textil-Rdsch.) **27** (1973) 2/3, S. 128–131.
Kal'nickij, L. B.: Projektierung und Berechnung von Gestricken mit Bandfalten. Tekstil. Prom., Moskva (Textil-Ind.) **33** (1973) 2, S. 58–60.

Erzeugnisse der Wirkerei und Strickerei

Doughty, J. C.: Die Industrie der Maschentextilien – Folgerungen aus der Shirley-Vorhersage für 1980. Hosiery Trade J. **80** (1973) 950, S. 115–117.
Strel'ces, R. Ja., Kajsin, Ju. A., Pisarenko, T. A., Ciperman, V. L., Burd, E. Z., Terent'eva, T. N.: Erfahrung bei der Herstellung von Garn und Trikotagen aus Bikomponentfasern. Tekstil. Prom., Moskva (Textil-Ind.) **33** (1973) 2, S. 3–4.
Stricken nach dieser vereinfachten Patronik-Methode. Textile Manuf. **100** (1973) 1175, S. 33, 34.

Textilverbundstoffe

Szalkowski, Ż., Zelazny, T.: Einfluß der Beschichtung von mit thermoplastischen Folien geklebten Verbundstoffen auf die Eigenschaften und die Struktur des Erzeugnisses. Przegl. włókienn. (Textil-Rdsch.) **27** (1973) 2/3, S. 103–105.

Faserverbundstoffe. Vliesstoffe

Barabanov, G. L., Mat'janov, V. I.: Analyse der Herstellung von Nadelvliesstoffen. Tekstil. Prom., Moskva (Textil-Ind.) **33** (1973) 2, S. 60–62.
Buntin, R. R., Lohkamp, D. T.: Düsenblasverfahren aus der Schmelze, ein einstufiges Vliesverfahren für neue Vliesstoffe. Tappi, New York **56** (1973) 4, S. 74–77.
Sievers, K.: Verfahren zur Applizierung chemischer Bindemittel beim Binden von Vliesstoffen. Chemiefasern/Textil-Ind. **23/75** (1973) 5, S. 458–463.
Köhler, R.: Theorie der Bindung. Chemiefasern/Textil-Ind. **23/75** (1973) 5, S. 453–458.
Kopczyński, J.: Einfluß der Anwendungsart von kautschukartigen Bindemitteln auf die Eigenschaften von Verbundstoffen. Przegl. włókienn. (Textil-Rdsch.) **27** 1973) 2/3, S. 96–99.

V. Textilveredlung

Rusznák, I.: Ausrüsten textiler Stoffe durch das Thermotex-Verfahren. Textile Res. J. **43** (1973) 3, S. 128–132.
Manveljan, V. P.: Besonderheiten der Veredlung von Trikotagen aus Texturfäden. Tekstil. Prom., Moskva (Textil-Ind.) **33** (1973) 2, S. 67–69.
Oliver, R. G.: Die neueste Entwicklung beim Ausscheiden von Flüssigkeiten. Hosiery Trade J. **80** (1973) 950, S. 121–122.

Farbstoffe. Textilhilfsmittel

Urseanu, F., Gheorghiu, M., Indrei, L.: Kationischer Farbstoff mit Anthrachinon-Acridon-Struktur für Polyacrylnitrilfaserstoff. Rev. Chimie, București **24** (1973) 3, S. 165–166.
Starkov, S. P., Mostjaev, E. I.: Synthese von Stabilisatoren auf der Basis von α- und β-Naphthol für hochmolekulare Verbindungen. Chim. Prom. (Chem. Ind.) (1973) 5, S. 20(340)–23(343).
Kusznák, I., Bertalan, G., Anna, P., Székely, G.: Verwendung von vernetzbaren Acrylpolymeren zu verschiedenen industriellen Zwecken. Kolor. Értesitö, Budapest (Kolor. Rdsch.) **15** (1973) 3/4, S. 66–75.
Matzner, E. A., Crutchfield, M. M., Langguth, R. P., Swisher, R. D.: Organische Aufbausalze als Ersatz für Natriumtripolyphosphat. I. Tenside, München **10** (1973) 3, S. 119–120, 121–125. (engl.).

Bleicherei. Sonstige Vorbehandlungsverfahren der Textilveredlung

Aršinova, N. Z., Kričevskij, G. E., Sadov, F. I.: Bedeutung des Verfahrens zum Auftragen von Reaktivfarbstoffen in der Theorie und Praxis des Waschens von Textilien. Izv. vysšich uč. Zav. Technol. tekstil. Prom. (Hochschulnachr. Technol. Textil-Ind.) (1973) 1, S. 79–82.
Irick, G. jr., Boyd, E. G.: Einfluß einer Lichtquelle auf den Lichtabbau gewisser Dispersionsfarbstoffe. Textile Res. J. **43** (1973) 4, S. 238–241.
Lejtes, E. B., Rosinskaja, C. Ja., Belen'kij, L. I.: Färben von Cellulosefaserstoffen mit binären Gemischen von Küpenfarbstoffen. Izv. vysšich uč. Zav. Technol. tekstil. Prom. (Hochschulnachr. Technol. Textil-Ind.) (1973) 1, S. 86–89.
Ivanova, T. A., Kovžin, L. A. Charcharov, A. A.: Untersuchung der Eigenschaften von Aminodiazokomponenten zur Bildung von Reaktivfarbstoff auf der Faser. Izv. vysšich uč. Zav. Technol. tekstil. Prom. (Hochschulnachr. Technol. Textil-Ind.) (1973) 1, S. 89–93.
Beckmann, W., Hamacher, H.: Zum Färben anionisch modifizierter Polyesterfasern mit kationischen Farbstoffen. Chemiefasern/Textil-Ind. **23/75** (1973) 5, S. 436–439.

Färberei

Krantz-Stückfärbemaschine soft-flow 200. Chemiefasern/Textil-Ind. **23/75** (1973) 5, S. 435.
Vinogradova, O. B., Ljakišev, B. M., Mel'nikov, B. N.: Farbstoffdiffusion in der Faser bis zur Herstellung des Gleichgewichtszustandes. Izv. vysšich uč. Zav. Technol. tekstil. Prom. (Hochschulnachr. Technol. Textil-Ind.) (1973) 1, S. 75–78.

Druckerei

Angenon, G.: Das kontinuierliche Thermodrucken mit Tiefenwirkung. Tex, Doetinchem/Nd. **32** (1973) 2, S. 35–36.
Das „Patronik"-Dessinverarbeitungssystem. Tex, Doetinchem/Nd. **32** (1973) 2, S. 30–33.
Lützel, L.: Der Transferdruck. Chemiefasern/Textil-Ind. **23/75** (1973) 5, S. 449–452.

Ausrüstung. Trocknung

Payet, G. L.: Das ALMI-Set-Verfahren. Ein neuer Versuch für pflegefreie Bekleidung. Textile Res. J. **43** (1973) 4, S. 194–197.
Williams, J. L., Woods, D. K., Stannett, V. u. a.: Pfropfen von Fasern, um hohe Elastizität zu erreichen. Textile Res. J. **43** 1973) 4, S. 205–212.
Ohlson, J. L.: Modifikation von Durable-Press-Kunstharzen mit Lactamiden Textile Res. J. **43** (1973) 4, S. 242–245.
Friedman, M., Whitfield, R. E., Tillin, S.: Steigerung der natürlichen Flammfestigkeit der Wolle. Textile Res. J. **43** (1973) 4, S. 212–217.
Vigo, T. L., Collins, A. M., Welch, C. M.: Feuerhemmende Baumwollgewebe durch Reaktion von Cellulose mit einem Phosphortrichlorid-DMF-Addukt. J. appl. Polymer Sci. **17** (1973) 2, S. 571–584.

Wäscherei. Chemische Reinigung

Matveeva, N. T., Korobova, G. A.: Waschen von reinwollenem Kammzug. Tekstil. Prom., Moskva (Textil-Ind.) **33** (1973) 2, S. 77–78.

VI. Werkstoffprüfung. Meß- und Prüftechnik. Standardisierung

Eigenschaften und Fehler der Textilmaterialien u. a.

Lam, L. K. M., Fung, D. P. C., Tsuchiya, Y., Sumi, K.: Identifizierung von cis-4,5-Epoxy-2-pentenal aus der Pyrolyse von mit H_3PO_4 behandelter Cellulose. J. appl. Polymer Sci. **17** (1973) 2, S. 391–399.
Chouinard, M. P., Knodel, D. C., Arnold, H. W.: Wärmeübertragung von entflammbaren Geweben. Textile Res. J. **43** (1973) 3, S. 166–175.
Nelson, M. L., Rouselle, M.-A.: Die Eigenschaften von Geweben aus knitterfest ausgerüsteter Baumwolle in Beziehung zur Quellbarkeit. Textile Res. J. **43** (1973) 4, S. 218–227.
Tichomirova, A. I.: Einfluß der Garnfeinheit und der Anzahl der Fasern auf ihre Migration im Querschnitt. Izv. vysšich uč. Zav. Technol. tekstil. Prom. (Hochschulnachr. Technol. Textil-Ind.) (1973) 1, S. 45–48.
Geconok, B. I., Mustafaeva, M. Ja.: Abhängigkeit der Gewebeeigenschaften von der Schußfadenfeinheit und der Schußdichte des Gewebes. Izv. vysšich uč. Zav. Technol. tekstil. Prom. (Hochschulnachr. Technol. Textil-Ind.) (1973) 1, S. 23–26.
Zurek, W.: Prüfmethoden für die Verstreckung der Fasern im Vlies. Przegl. włókienn. (Textil-Rdsch.) **27** (1973) 2/3, S. 88–90.
de Boer, J. J.: Der Spiralwinkel und die Orientierung einzelner gequollener und gereckter Baumwollfasern und ihre Beziehung zur Faserzugfestigkeit. Textile Res. J. **43** (1973) 3, S. 141–145.
Ribnick, A. S., Weigmann, H.-D., Rebenfeld, L.: Reaktionen von nichtwäßrigen Lösungsmitteln mit Textilfasern. Teil II. Textile Res. J. **43** (1973) 3, S. 176–183.
Zeronian, S. H., Alger, K. W., Omaye, S. T.: Der Einfluß von Schwefeldioxid auf die chemischen und physikalischen Eigenschaften von Polyamid 6.6. Textile Res. J. **43** (1973) 4, S. 228–237.

Meß- und Prüftechnik

König, J., Picht, H. W., Kaufmann, W., Reerink, W.: Automation und elektronische Datenverarbeitung beim Prüfen von Kunststoffen. Kunststoffe **63** (1963) 4, S. 242–251.
Rüb, F.: Systeme und Geräte zur Farbmessung und Farbrezeptierung. Chemiefasern/Textil-Ind. **23/75** (1973) 5, S. 446–449.
Bostic, J. E., jr., Yeh, K.-N., Barker, R. H.: Pyrolyse und Verbrennung von Polyestern. I. Thermochemie von Poly-1,4-cyclohexylendimethylenterephthalat, das mit phosphor- und halogenhaltigen feuerhemmenden Mitteln behandelt wurde. J. appl. Polymer Sci. **17** (1973) 2, S. 471–482.
Tirpak, G. A., Sibilia, J. P.: Neues Verfahren zur Probennahme für die IR-Spektroskopie, angewandt auf Polyamid 6 und Polyäthylenterephthalat. J. appl. Polymer Sci. **17** (1973) 2, S. 643–648.
Raghava, R., Caddell, R. M., Buege, L., Atkins, A. G.: Biaxiale Wölbungsprüfung von Polymerfolien. J. macromol. Sci., B: Physics **6** (1972) 4, S. 655–665.
Kaplanas, V. I., Sklerjute, E. P., Gajljunas, V. P.: Bestimmung der spezifischen Eigenschaften von elastischen Geweben. Tekstil. Prom., Moskva (Textil-Ind.) **33** (1973) 2, S. 78–81.
Grudniewski, M., Karwacka, A.: Feinheitsmessungen an Fasern nach der konduktometrischen Methode. Przegl. włókienn. (Textil-Rdsch.) **27** (1973) 2/3, S. 92–95.
Kelley, L.: Neues Verfahren zur Prüfung von Vliesstoffen auf Sprungelastizität. Tappi, New York **56** (1973) 4, S. 62–64.

VII. Betriebstechnik. Ökonomie. Tagungsberichte und dgl.. Sonderfragen

Betriebstechnik

Doruch, J.: Stand und Entwicklungsperspektiven für den Einsatz von Computern in der Baumwollindustrie. Technik włókienn. (Textiltechn.) **22** (1973) 1, S. 3–6.
Hambleton, D. A., Andrade, A.: Automatisierung des partieweisen Färbens. Amer. Dyestuff Rep. **61** (1972) 11, S. 28–29.
Bialik, Z.: Automatische Steuerung der Textilfärberei. Amer. Dyestuff Rep. **61** (1972) 11, S. 25–26, 78.

Ökonomie

Die Chemiewirtschaft der Welt. Statistik. Chem. engng. News **51** 1973) 16, S. 51–64.
Überblick über die Anwendung von textilen Faserstoffen. Textile Organon **43** (1972) 11, S. 157–180.
Überblick über die Chemiefaserwirtschaft der USA. Textile Organon **44** (1973) 1/2, S. 1–16.